Bartagamen

Biologie • Pflege • Zucht • Erkrankungen

von
Gunther Köhler
Karsten Grießhammer &
Norbert Schuster

mit
251 Farbfotos
 29 Zeichnungen und Diagrammen

HERPETON
Verlag Elke Köhler

Titel vorne: oben: *P. vitticeps* (R.D. Bartlett).
unten links: *P. vitticeps* (K. Dunne, Dragon's Den Herpetoculture).
unten rechts: Jungtier von *P. vitticeps* (G. Köhler).

Titel Rückseite (von oben nach unten):
P. vitticeps (K. Grießhammer), Paarungsbiss (R. Mailloux, Sandfire Dragon Ranch), Schlupf von *P. vitticeps* (G. Köhler), Terrarienbau (K. Grießhammer).

Abb. S. 1: Portrait von "Rudi", *P. vitticeps* (Nina Wiebel).
Abb. S. 3: Drohende *Pogona vitticeps* (R.D. Bartlett).
Abb. S. 4/5: Pärchen von *P. vitticeps* (G. Köhler).
Abb. S. 20/21: *P. vitticeps* im Lebensraum (U. Schuster).
Abb. S. 28/29: Jungtiere von *P. vitticeps* (G. Köhler).
Abb. S. 44/45: *P. vitticeps* beim Fressen (G. Köhler).
Abb. S. 96/97: *P. vitticeps* beim Schlupf (G. Köhler).
Abb. S. 130/131: *P. mitchelli* (G. Köhler).
Abb. S. 164/165: *P. vitticeps* im Exotarium (G. Köhler).

Köhler, Gunther
Grießhammer, Karsten &
Schuster, Norbert

Bartagamen

Biologie, Pflege, Zucht, Erkrankungen

Offenbach: Herpeton, 2004
ISBN 3–936180-04-0

© 2003, 2004 Herpeton, Verlag Elke Köhler,
  Rohrstr. 22, D-63075 Offenbach
  Layout und Satz: Elke Köhler, Offenbach

Inhalt

Einführung
Beschreibung
Anatomie
Name und Systematik

Einführung

Bartagamen zählen wegen ihrer attraktiven Erscheinung, der moderaten Größe, ihres überwiegend ruhigen Wesens und der oftmals sehr ausgeprägten individuellen Persönlichkeit zu den beliebtesten Terrarientieren überhaupt. Sie werden gleichermaßen von Zoos und Privatpersonen gepflegt und in großer Zahl vermehrt. Somit gehören sie zu den wenigen Reptilienarten, bei denen der Bedarf an Terrarientieren vollständig aus Nachzuchten gedeckt wird.

Bartagamen haben den Ruf, problemlos und gut haltbar zu sein, was bei gesunden Tieren und fachgerechter Pflege auch zutrifft. Dennoch werden sie oft falsch gehalten und ein nicht zu unterschätzender Anteil der zigtausend gezüchteten Jungtiere überleben nicht die ersten zwei Lebensjahre. Neben den vielen Vorzügen als Terrarientiere übersehen viele Halter, dass Bartagamen mit ihrem recht günstigen Preis viel Platz und hochwertige, kostenintensive Technik und Zubehör sowie tägliche Pflege mit dem nötigen Fingerspitzengefühl benötigen. Reptilienkundige Tierärzte sind oft ebenso schwierig zu finden wie eine kompetente Urlaubsvertretung. Die notwendige Verfütterung lebender Insekten kann ebenso ein Hindernis darstellen wie das Veto der Mitbewohner. Die Lebenserwartung der Echsen beträgt bis über zehn Jahre. Es sollte auch bedacht werden, dass Bartagamen einen großen Teil des

Abb. 2. Portrait einer *P. vitticeps.* Foto: A. Huy

Tages inaktiv verbringen und als "Streicheltiere" gänzlich ungeeignet sind. Sie sind auch stressanfällig und bauen keine Verbindung zum Menschen auf wie andere Tiere (Hunde bzw. Katzen). Langfristiger Erfolg mit Bartagamen wird sich nur dann einstellen, wenn der Tierbesitzer sich die notwendigen Fachkenntnisse aneignet und diese bei Terrarientechnik, Einrichtung, Vergesellschaftung und Ernährung entsprechend umsetzt. Wer jedoch eine attraktive Terrarienechse sucht, an der er bei guter Pflege über viele Jahre Freude hat, kann mit Bartagamen die richtigen Pfleglinge gefunden haben. Unser Ziel ist es, praxisnah und in kompakter Form alle relevanten Informationen zum Thema Pflege und Zucht von Bartagamen zu vermitteln, wobei auch die wesentlichen Grundlagen nicht vernachlässigt werden.

Allerdings kann es nicht Aufgabe dieses Buches sein, alle Aspekte der Terraristik wiederzugeben, weshalb dem Anfänger dringend die Lektüre von allgemeinen Werken ans Herz gelegt wird (z.B. TRUTNAU 1994, KÖHLER 1997, NIETZKE 1989, 1998, 2002). Wir wollen dem Leser mit unseren Erläuterungen Haltungsempfehlungen vermitteln, die sich bei uns und anderen Haltern bewährt haben.

Wenn Sie aber von anderer Seite andere Empfehlungen erhalten, die in ihrem Fall besser passen, zögern Sie nicht, diese anzunehmen. Wenn nicht anders erwähnt, gelten die Angaben im allgemeinen Teil des Buches für *Pogona vitticeps*. Die Ansprüche der übrigen *Pogona*-Arten sind jedoch recht ähnlich. Besonderheiten der einzelnen Arten werden im Artenteil besprochen. Solange die verwendeten Fachausdrücke nicht bereits im Text erklärt werden, findet man sie im angehängten Glossar. Das Literaturverzeichnis soll den Interessierten zum weiteren Literaturstudium anregen.

Abb. 3. Bartagamen gehören zu den beliebtesten Terrarientieren.　　　　　Foto: A. Calgua

Beschreibung

Alle Bartagamenarten haben ein ähnliches Erscheinungsbild. Sie haben einen großen, breiten, dreieckigen Kopf und bis auf zwei Ausnahmen, einen kräftigen dorsoventral abgeflachten Rumpf, mehr oder weniger kräftige Gliedmaßen sowie einen runden Schwanz. Der Schwanz dient als Stützorgan, zur Fettspeicherung und als Waffe. Im Gegensatz zu Echten Eidechsen (Familie Lacertidae) und einigen anderen Echsen können Bartagamen ihren Schwanz nicht autotomieren, also abwerfen. Dennoch können Teile des Schwanzes verloren gehen. Diese wachsen aber nicht nach.

Die Schuppen sind in ihrer Größe sehr variabel, aber fast alle gekielt, rauh und oft stachelig. So ziehen sich an den Flanken, von den Vorderbeinen bis zum Becken, je nach Art, ein bis mehrere Stachelreihen entlang. Charakteristisch ist die auffällig kräftige Kopfbestachelung und die in unterschiedlichem Maße aufstellbare Kehle,

bzw. der "Bart", dem die Gattung *Pogona* (griechisch: Bart) auch ihren Namen verdankt. Sie besitzen mit Hilfe ihres Zungenbeinapparates die Fähigkeit ihre Kehle abzuspreizen. Dabei rotieren die ersten Ceratobranchialspangen nach unten und außen (THROCKMORTON et al. 1985). Von vorne sieht die aufgestellte Kehle dann wie ein "Bart" oder Fächer aus. Gerade die Kopfbestachelung ist das wichtigste Unterscheidungsmerkmal bei den Arten.

Das Trommelfell ist sichtbar. Die Augen werden durch Lider geschützt. Neben dem Ober- und Unterlid haben die Agamen ein sogenanntes Drittes Lid, die Nickhaut, die von dem inneren Augenwinkel über das Auge geschoben werden kann (Schutzfunktion). Die Augen stellen das wichtigste Wahrnehmungsorgan der Tiere dar.

Während sie relativ schlecht hören können, sehen sie gut und können Farben unterscheiden. Auf der Mitte der Oberseite des Kopfes kann man eine veränderte Schuppe, das Interparietalschild, sehen. In seinem Mittelpunkt befindet sich das Parietalauge, eine Ansammlung von Nerven, die optische Reize an das Gehirn weiterleiten.

Abb. 4. Portrait einer *P. vitticeps*. Sichtbar ist das Dritte Augenlid.   Foto: K. Affonce

Auf der Oberkante des Kiefers sitzen die spitzen Zähne mit denen sie ihre Beute packen und Pflanzenteile perforieren können. Die Agamen haben im Gegensatz zu uns Menschen keine Mahlzähne, die durch ein Zermahlen oder Zerkauen die Nahrungsteile zerkleinern können und so schlucken sie alles unzerkaut. Bartagamen setzen ihre Exkremente über die Kloake ab.

Die Farbe und Zeichnung ist eher unscheinbar grau, graubraun, braun oder beige, einige Exemplare weisen jedoch eine kräftige rote Farbe auf. Die Agamen verändern aber bei Wohlgefühl, Aggression, Angst und zur Thermoregulation ihre Farbe. Das Farbwechselvermögen reicht von karminrot und orange bis gelb.

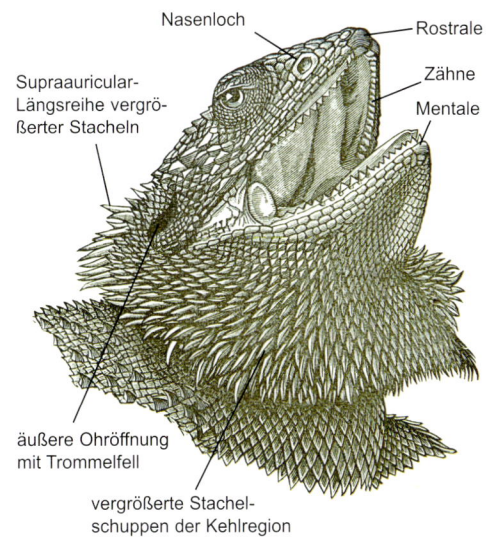

Abb. 5. *Pogona barbata* (Zeichnung aus McCoy 1840).

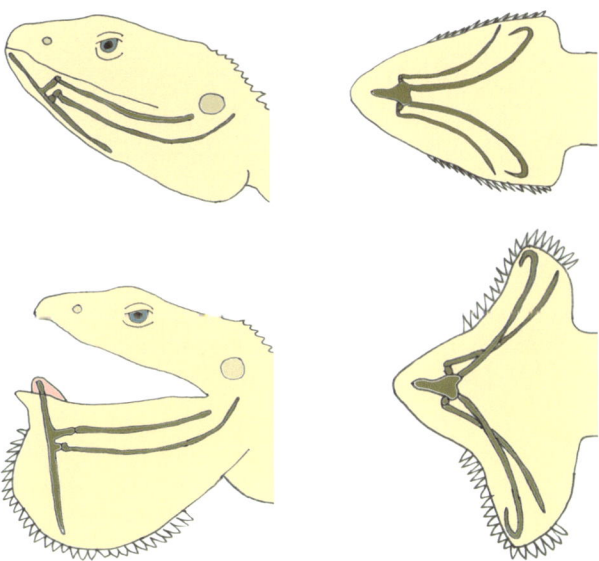

Abb. 6-9. Ansicht des Zungenbeinapparates beim Abspreizen der Kehle (links: Seitenansicht (verändert nach Kästle 1973); rechts: Ansicht von oben (verändert nach Throckmorton et al 1985).

Geschlechtsunterschiede

Es ist bei Bartagamen relativ einfach das Geschlecht zu bestimmen. Die männlichen Tiere haben meist breitere und größere Köpfe und ausgeprägte Hemipenistaschen. Außerdem sind die Femoral- und Präanalporen größer und ausgeprägter, vor allem zur Paarungszeit. Mittels dieser Poren setzen die Bartagamen Duftmarken, die vom Menschen nicht wahrgenommen werden.

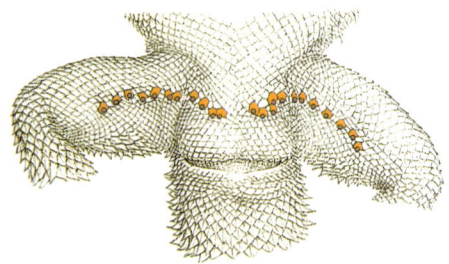

Abb. 10. Die Femoralporen sind bei den Männchen stärker ausgeprägt als bei den Weibchen.

Man kann das Geschlecht am besten im Vergleich mehrerer gleich großer Tiere bestimmen. Wenn man den Schwanz vorsichtig! leicht in Richtung Kopf biegt, kann man bei den Männchen die caudal liegenden Wölbungen des darunter liegenden Hemipenis sehen. Bei Jungtieren kann auch von erfahrenen Züchtern nur selten eine eindeutige Geschlechtsdiagnose gegeben werden. Bei adulten Männchen lässt sich auch erkennen, dass die Kloakenöffnung ein wenig größer ist als bei den Weibchen.

Abb. 11. Männchen einer *P. vitticeps* mit dunkel gefärbtem Bart.   Foto: G. Köhler

Werden mehrere Männchen zusammen gepflegt, kann es passieren, dass sich die unterlegenen Tiere morphologisch an Weibchen angleichen, um dem Druck der überlegenen Tiere zu entgehen. Bei diesen Tieren kann die Geschlechtsbestimmung schwierig sein. Die Sondierung, die bei Schlangen oft zur Geschlechtsbestimmung eingesetzt wird, ist bei Bartagamen ungeeignet. Auch die potentiellen Gefahren, die durch eine Endoskopie beim Tierarzt entstehen rechtfertigen den Einsatz dieser Methode nicht, da das Geschlecht meist mit den herkömmlichen Mitteln bestimmt werden kann. Die Fähigkeit zur Verfärbung des Bartes und der Schwanzspitze ist bei den Männchen stärker ausgebildet- dieses ist jedoch kein sicheres Zeichen.

Weibchen	Männchen
• keine Wölbungen an der Unterseite des Schwanzes sichtbar • kleinere Femoralporen als beim Männchen vorhanden • kleinere Kloakenöffnung als beim Männchen vorhanden	• Wölbungen der Hemipenistaschen an der Unterseite des Schwanzes sichtbar • größere Femoralporen als beim Weibchen vorhanden • größere Kloakenöffnung als beim Weibchen vorhanden

Abb. 12. Schwanzunterseite eines Weibchens.

Abb. 14. Schwanzunterseite eines Männchens.

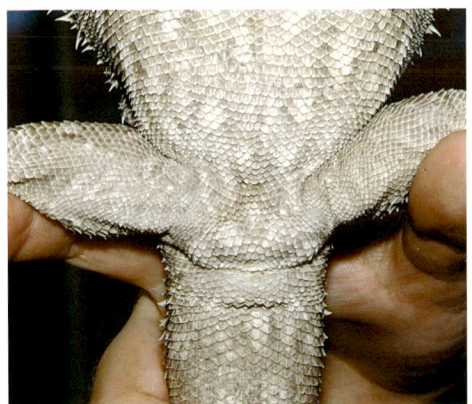

Abb. 13. Femoralporen beim Weibchen.

Abb. 15. Femoralporen beim Männchen.

Anatomie

Der Schädel von *Pogona vitticeps* ist sehr kompakt und weist von dorsal betrachtet eine nahezu dreieckige Form auf. Die äußeren Nasenöffnungen werden begrenzt von Prämaxillare, Maxilla und Nasale. Das Prämaxillare trägt pleurodonte Zähne, während die Zähne der Maxilla eine akrodonte Stellung aufweisen und zu einer Leiste verwachsen sind. Die weiteren Knochenelemente der Schädeloberseite sind die Präfrontalia, das Frontale und das Parietale. Zentral in der Naht von Frontale und Parietale befindet sich die Öffnung für das Parietalauge. Die große knöcherne Augenhöhle (Orbita) wird begrenzt durch Präfrontale, Frontale, Postorbitale, Jugale und Lacrimale. Die im Schläfenbereich gelegene Supratemporalhöhle wird begrenzt durch Parietale, Postorbitale und Squamosum.

Auf der Unterseite des Oberschädels fallen drei große Öffnungen auf, von denen zwei paarig angelegt sind. Zentral befindet sich die unpaare Choanenöffnung, begrenzt durch Pterygoid und Basisphenoid. Seitlich davon sind die großen Subtemporalhöhlen, die von Pterygoid, Ectopterygoid, Jugale, Squamosum, Quadratum und Epipterygoid begrenzt werden. Die inneren Nasenöffnungen werden von Vomer, Palatinum und Maxillare begrenzt. An das Basisphenoid schließt sich das Basioccipitale an, das den einfachen Condylus als Verbindungsgelenk zum ersten Wirbel trägt.

Oberhalb des Condylus befindet sich das Foramen magnum, während sich ventrolateral die Basioccipitalia anschließen. Seitlich und oberhalb wird das Foramen magnum von Exoccipitale und Supraoccipitale begrenzt. Der Unterkiefer wird gebildet (von vorn nach hinten) von Dentale, Coronoid (mit Coronoidfortsatz), Angulare, Supraangulare und Articulare (mit Retroarticularfortsatz). Die Zähne an der Spitze des Unterkiefers sind etwas vergrößert und weisen eine pleurodonte Zahnstellung auf, während die übrigen Zähne auf den Kieferästen sitzen (akrodonte Stellung) und zu einer Leiste verwachsen sind. Das Zungenbein wird gebildet aus dem relativ kurzen Basihyale, den Fortsätzen Glossohyale (unpaar, zur Zunge hin) und Hypohyale (paarig) sowie den paarigen Spangen Ceratohyale, Ceratobranchiale I und Ceratobranchiale II. An der Spitze des Verlängerung Ceratobranchiale I sitzt das Epibrachiale I.

Bezüglich der Schädelmorphologie bestehen artspezifische Unterschiede innerhalb der Gattung *Pogona*. So fehlen bei *P. barbata* und *P. nullarbor* das Ceratobranchiale II. Bei *P. barbata* ist der hintere Rand des Jugale deutlich konkav, während er bei *P. vitticeps* gerade verläuft. Auch bezüglich des Hinterrandes des Frontale bestehen bei diesen Arten Unterschiede (gerader Verlauf bei *P. barbata*, konvex bei *P. vitticeps*) (BADHAM 1976).

Seitenansicht

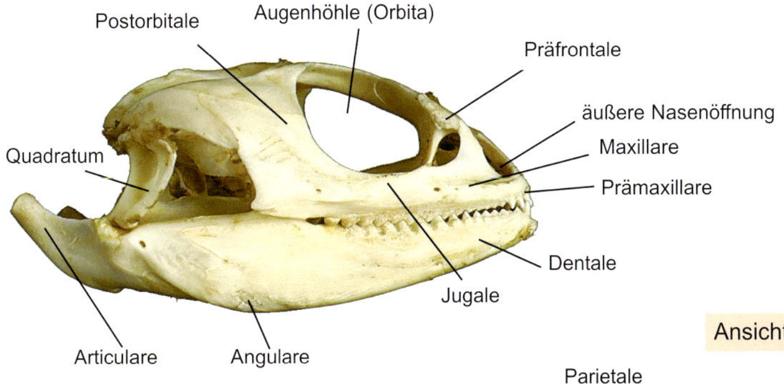

Postorbitale
Augenhöhle (Orbita)
Präfrontale
äußere Nasenöffnung
Quadratum
Maxillare
Prämaxillare
Dentale
Jugale
Articulare
Angulare

Ansicht von oben

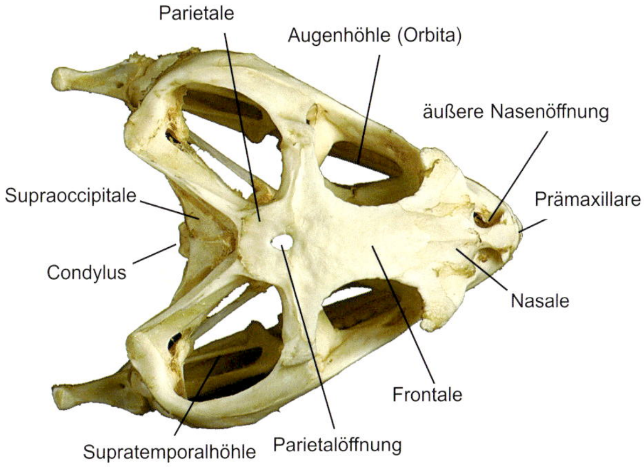

Parietale
Augenhöhle (Orbita)
äußere Nasenöffnung
Supraoccipitale
Prämaxillare
Condylus
Nasale
Frontale
Supratemporalhöhle
Parietalöffnung

Abb. 16-19. Der Schädel einer Bartagame (*Pogona vitticeps*). Fotos: S. Tränkner

Ansicht von unten

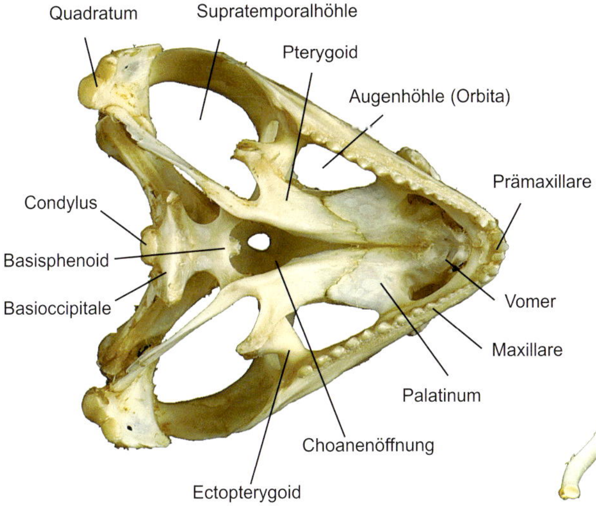

Quadratum
Supratemporalhöhle
Pterygoid
Augenhöhle (Orbita)
Prämaxillare
Condylus
Basisphenoid
Basioccipitale
Vomer
Maxillare
Palatinum
Choanenöffnung
Ectopterygoid

Zungenbein

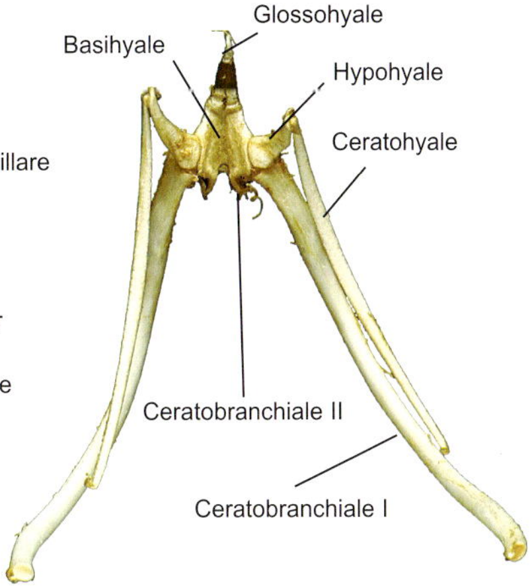

Glossohyale
Basihyale
Hypohyale
Ceratohyale
Ceratobranchiale II
Ceratobranchiale I

13

Bartagamen haben Lippen, die jedoch nicht muskulös und daher unbeweglich sind. Die sehr bewegliche Zunge ist fleischig und dient neben der Nahrungsaufnahme auch als ein wichtiges Hilfsorgan bei der Duftstoffkontrolle. Die durch das "Züngeln" an ihr haften gebliebenen Duftstoffe werden beim Zurückziehen der Zunge zu dem im vorderen Mundhöhlendach befindlichen Jacobsonschen Organ befördert und dort wahrgenommen.

Mund- und Rachenhöhle, Speiseröhre und Magen bilden den vorderen, der Dünndarm den mittleren und der Dickdarm (Colon und Rektum) sowie die Kloake den hinteren Abschnitt des Verdauungstraktes. Als Anhangsorgane des Verdauungstraktes sind insbesondere die Leber und die Bauchspeicheldrüse zu nennen. Die Speiseröhre (Ösophagus) beginnt hinter der Luftröhrenöffnung (Glottis) und ist verhältnismäßig lang. Sie weist Längsfalten auf, die notwendig sind, um eine entsprechende Dehnung beim Durchtritt von Nahrungsbestandteilen zu ermöglichen. Die Speiseröhre verläuft dorsal von der Leber und mündet schließlich in den Magen. Der vordere (kardiale) Teil des Magens ist erweitert, weist noch wesentlich stärker ausgebildete Längsfalten als die Speiseröhre auf und befindet sich auf der linken Körperseite. Dorsal des Magens liegt die längliche Milz, die je nach Blutfülle eine blau- bis purpurrote Färbung besitzt. In seinem weiteren Verlauf zieht der Magen zur rechten Körperseite, wobei ihm die Bauchspeicheldrüse (Pankreas) eng anliegt. Am Magenausgang (Pylorus) befindet sich vor der Einmündung in den Dünndarm ein wallförmiger Ringmuskel. Nahe des Pylorus münden Gallen- und Pankreasgang in den Dünndarm. Der Dünndarm öffnet sich in das mächtig erweiterte Colon. Das Colon verengt sich schließlich zum Rektum, welches in die Kloake mündet. Die Kloake wird in drei Abschnitte unterteilt, und zwar das Coprodaeum, in welches der Enddarm mündet, das Urodaeum mit den Öffnungen der Harn- und Geschlechtsorgane und schließlich das Proctodaeum, welches den hinteren Abschnitt der Kloake bildet.

Das Herz der Bartagamen ist dreikammerig, da es nur ein unvollständiges Septum in der Hauptkammer aufweist. Allerdings kontrahiert erst die eine und dann die andere Hälfte der Kammer, was eine funktionelle Trennung mit sich bringt. Bartagamen verfügen über einen Nieren-Pfortader-Kreislauf, so dass das Blut der Hinterextremitäten zunächst durch die Nieren strömt.

Die braun- bis schwarzrote Leber beansprucht einen beträchtlichen Teil des vorderen Bauchraumes. Sie liegt hinter dem Herzen und besitzt einen Dorsal- sowie einen Ventrallappen. Die grüne Gallenblase ist am vorderen Teil des Ventrallappens lokalisiert.

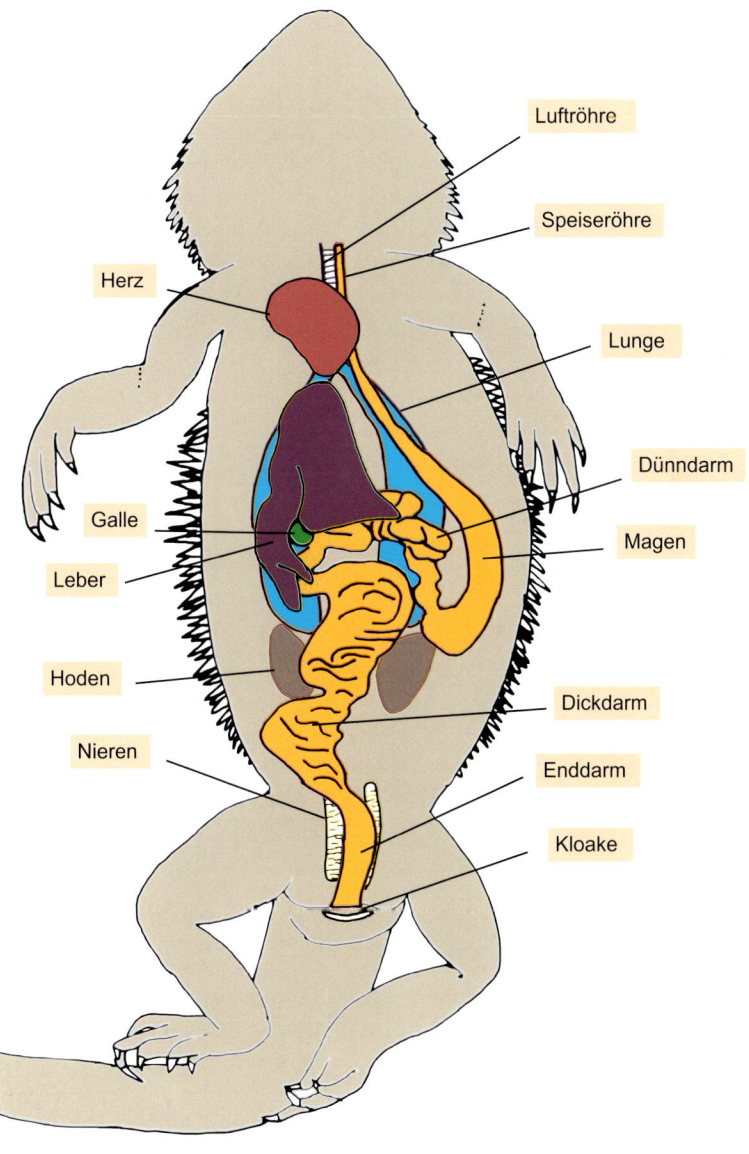

Luftröhre

Speiseröhre

Herz

Lunge

Dünndarm

Galle

Magen

Leber

Hoden

Dickdarm

Nieren

Enddarm

Kloake

Abb. 20. Anatomie einer Bartagame.   Zeichnung: G. Köhler

Unmittelbar hinter der Zungenbasis befindet sich die knorpelige Luftröhrenöffnung (Glottis), die während der Atempausen von einem Deckel (Epiglottis) verschlossen wird. Die von Knorpelringen gestützte Luftröhre (Trachea) teilt sich in Höhe des Herzens in die beiden Hauptbronchien, welche je einen Lungenflügel versorgen. Die Lungen liegen dorsal von der Leber im oberen Teil der Leibeshöhle. Der vordere Teil eines jeden Lungenflügels zeigt eine deutliche Kammerung, während der hintere von sackartiger Struktur ist. Die gesamte Leibeshöhle ist von dem stark pigmentierten Peritonaeum ausgekleidet, so dass dessen Wände dunkelbraun bis schwarz sind.

Die paarigen Nieren sind von braunroter Farbe. Sie haben eine sehr längliche Form und liegen extrem weit hinten in der Leibeshöhle und reichen bis ins Becken (retroperitoneale Lage). Die Harnleiter verlaufen entlang der Ventralfläche der entsprechenden Niere. Die Nebennieren sind klein und liegen dicht bei den Gonaden.

Bei der weiblichen Bartagame münden die Harnleiter durch die Harnleiterpapille, die sich dicht hinter der Genitalpapille (Öffnung des Eileiters) befindet, in die Kloake. Beim Männchen münden Harnleiter und Samenleiter gemeinsam durch eine Papille (Urogenitalpapille) in die Kloake. Die Eierstöcke (Ovarien) der weiblichen Agamen befinden sich vor den Nebennieren dorsal seitlich von der Körpermitte etwa am Übergang vom 2. zum 3. Drittel der Leibeshöhle. Die Follikel sind als blasige Gebilde je nach Funktionsstadium des Organs mehr oder weniger deutlich erkennbar. Die im inaktiven Zustand flachen Eileiter (Ovidukte) verlaufen seitlich von jedem Eierstock nach hinten zur Kloake.

Die rundlichen Hoden befinden sich bei der männlichen Bartagame an der gleichen Stelle wie die Eierstöcke der Weibchen. Ihre Größe unterliegt wie die der Ovarien zyklischen Veränderungen. Der schlauchförmige Nebenhoden (Epididymis) befindet sich seitlich vom Hoden und mündet in den Samenleiter, welcher über die Ventralfläche der entsprechenden Niere bis hin zur Kloake verläuft. Die männlichen Bartagamen besitzen ein paariges Kopulationsorgan (Hemipenes, Einzahl: Hemipenis), das allerdings keine direkte Verbindung mit den Samenleitern aufweist. Vielmehr besitzt jeder Hemipenis auf der Ventralseite eine Rinne (Sulcus spermaticus), über welche die Spermien in die weibliche Kloake gelangen. Die Hemipenes liegen an der Unterseite der Schwanzwurzel und können durch die hintere Kloakenwand wie Handschuhfinger nach außen aus- und umgestülpt werden. Bei der Paarung wird stets nur der dem Weibchen zugewandte Teil in dessen Kloake eingeführt.

Name und Systematik

Der Gattungsname *Pogona* ist von dem griechischen Wort pogon (Bart) abgeleitet. Im Englischen werden die Tiere "Bearded Dragons" genannt.

Bartagamen zählen innerhalb der Echsen (Unterordnung Sauria) zu den Agamen (Familie Agamidae). Die Systematik der australischen Agamen ist noch immer Gegenstand kontroverser Diskussion. Für fast ein Jahrhundert war die von BOULENGER (1885) vorgeschlagene Agamen-Taxonomie allgemein anerkannt. Die Gattung *Amphibolurus* WAGLER 1830 diente dabei als "Sammeltopf" für alle australischen Agamen ohne auffällige morphologische Merkmale. HOUSTON (1978) synonymisierte *Lophognathus* mit *Amphibolurus*, eine Entscheidung die von STORR (1982) unterstützt wurde, obwohl letzterer zudem vorschlug, für die kombinierte Gattung den lang vergessenen Namen *Gemmatophora* wiederzubeleben. WITTEN (1985) separierte *Lophognathus* wieder von *Amphibolurus*, was aber nicht allgemein anerkannt wurde (GREER 1989). Bis 1982 gehörten die Bartagamen zur Gattung *Amphibolurus*. STORR (1982) fasste dann die Arten der *barbatus*-Gruppe in der von ihm neu geschaffenen Gattung *Pogona* zusammen. Die ehemals artenreiche Gattung *Amphibolurus* mit fast vierzig Spezies

Abb. 21. Zeichnung einer *P. barbata* aus F. McCoy (1840).

Abb. 22. *Pogona vitticeps* im Zoopark Erfurt.   Foto: A. Nöllert

wurde durch die Revisionsarbeiten von STORR (1982) in mehrere Gattungen (*Ctenophorus, Gemmatophora, Pogona* und *Tympanocryptis*) aufgespalten. Die Verwendung des Namens *Gemmatophora* hat sich nicht allgemein durchgesetzt und COGGER (1986, 2000) erkennt stattdessen für die nach STORR (1982) darin enthaltenen Arten zwei Gattungen an, *Amphibolurus* und *Lophognatus*. Zur näheren Verwandtschaft der Bartagamen zählen nach heutigem Stand die Arten der Gattungen *Amphibolurus, Caimanops, Chlamydosaurus, Ctenophorus, Diporiphora* und *Tym-*

panocryptis (STORR 1982, WITTEN 1993, MACEY et al. 2000).

Die Arten der Gattung *Pogona* sind charakterisiert durch eine durchschnittliche Anzahl von 24 Präsacralwirbeln (Wirbel vor dem Beckenbereich), verlängerte erste Ceratobranchialspangen (Teil des Zungenbeins; vgl. S. 13) und zwei oder mehr Schuppen zwischen den Präanofemoralporen (GREER 1989).

Die stammesgeschichtlichen Beziehungen innerhalb der Gattung *Pogona* sind noch weitgehend unklar. *Pogona barbata, P. henrylawsoni* und *P. minor* haben eine leuchtend gelbe oder gelborangene Mundschleimhaut, die bei den übrigen Arten nicht ausgeprägt ist (GREER 1989). *Pogona barbata* und *P. nullarbor* haben gemeinsam, dass ihnen die beiden zweiten (mittleren) Ceratobranchialspangen des Zungenbeinapparates fehlen (BADHAM 1976).

Noch immer gibt es innerhalb der Gattung *Pogona* je nach Autor unterschiedliche Auffassungen zur Wertigkeit einiger nomineller Arten. Wir folgen weitgehend der von STORR (1982) und WITTEN (1994a) vorgeschlagenen Taxonomie, erkennen aber *P. mitchelli* als eigenständige Art an, da sie morphologisch deutlich differenziert ist. Die Inselform *minima* fassen wir als Unterart von *P. minor* auf, da die dokumentierten Unterschiede zwischen *minor* und *minima* nur gering sind und die Variationsbreiten der "diagnostischen" Merkmale sich überlappen. Folglich zählen nach unserer Auffassung sieben Arten zur Gattung *Pogona*: *P. barbata* (CUVIER 1829), *P. henrylawsoni* WELLS & WELLINGTON 1985, *P. microlepidota* (GLAUERT 1952), *P. minor* (STERNFELD 1919), *P. mitchelli* (BADHAM 1976), *P. nullarbor* (BADHAM 1976) und *P. vitticeps* (AHL 1926).

Abb. 23. Weibchen *von Pogona mitchelli.*
Foto: G. Köhler

Abb. 24. *Pogona vitticeps* im Terrarium.
Foto: R.D. Bartlett

Verbreitung
Lebensraum und
Lebensweise

Verbreitung

Die Arten der Gattung *Pogona* leben endemisch auf dem kleinsten Kontinent der Erde – Australien. Dort besiedeln die Bartagamen ein großes Verbreitungsgebiet, das praktisch alle Trockengebiete umfasst. Diese Echsen fehlen nur in den feuchteren Regionen Australiens (dem äußersten Norden, dem Südosten und Südwesten sowie auf der Insel Tasmanien). Wie Funde belegen, waren Bartagamen früher (vor 16.000-10.000 Jahren) auch auf Kangaroo Island vorhanden, wo sie heute aber ausgestorben sind.

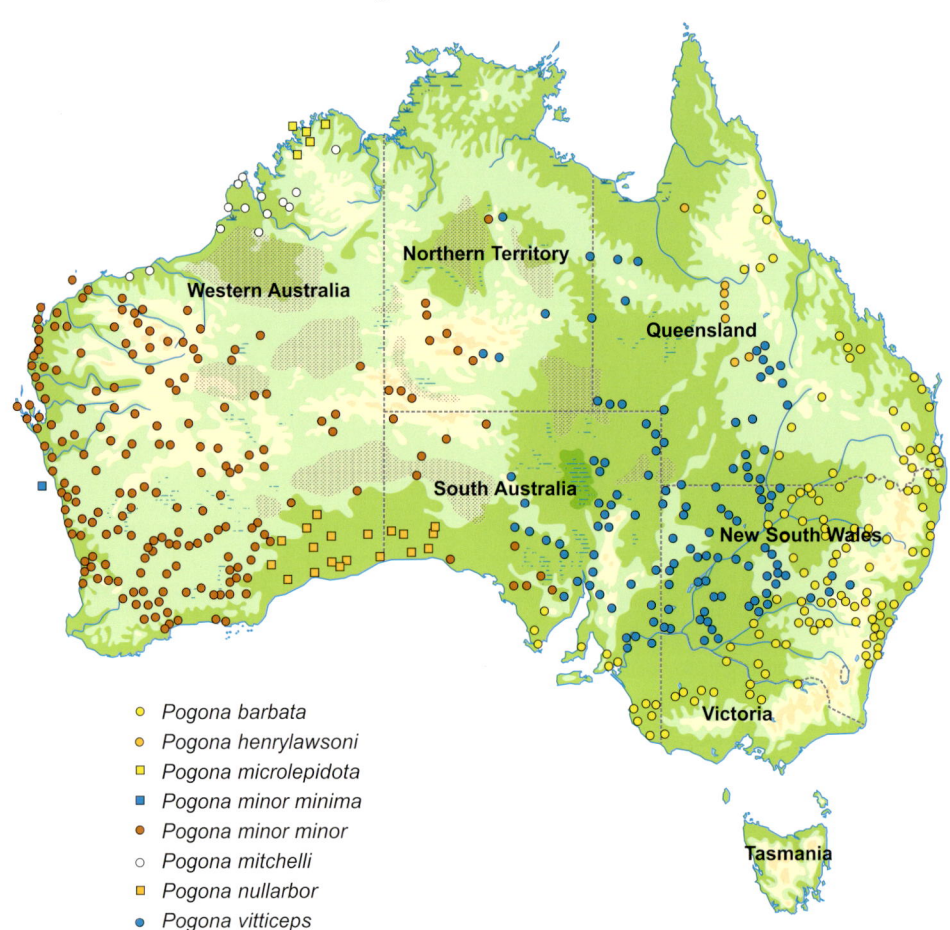

- ○ *Pogona barbata*
- ● *Pogona henrylawsoni*
- □ *Pogona microlepidota*
- ■ *Pogona minor minima*
- ● *Pogona minor minor*
- ○ *Pogona mitchelli*
- ◻ *Pogona nullarbor*
- ● *Pogona vitticeps*

Abb. 26. Die Verbreitung der Bartagamen (nach BADHAM 1976, STORR 1982, WITTEN 1994a).

Lebensraum und Lebensweise

Abb. 27. Lebensraum von *Pogona minor* (Warmun, West-Australien).   Foto: B. Eidenmüller

Bartagamen werden angetroffen in Halbwüsten, Steppen, Baumsteppen, lichten Trockenwäldern und auch in trockenfeuchten Biotopen. In manchen Gebieten sind sie recht häufig anzutreffen, aber man muss schon ein geübtes Auge haben, um die Bartagamen auch zu entdecken. Vor allem, wenn sie gut getarnt im Gestrüpp oder an Bäumen sitzen, ist es oft sehr schwer, die Tiere auszumachen. Die angepasste Färbung und die Stachelschuppen tragen dazu bei, dass die Konturen der Echsen aufgelöst werden.

Je nach Tages- und Jahreszeit sitzen sie auch oft auf den asphaltierten Straßen, um sich aufzuwärmen. Meist kann man die Echsen schon von weitem sehen, da sie sich durch ihre Färbung von der schwarzen Fahrbahn

Abb. 28. Bartagamen sind Einzelgänger (*Pogona vitticeps* bei Alice Springs).   Foto: U. Schuster

deutlich abheben. Solange das Auto fährt, bleiben die Bartagamen ruhig sitzen, was ihnen leider oft zum Verhängnis wird. Jedes Jahr werden sie zu Tausenden auf Australiens Straßen überfahren. Erst wenn das Auto anhält und das Türschloss beim Öffnen der Tür klickt, rennen sie mit nach oben gebogenem Schwanz davon.

Bartagamen sind Einzelgänger. Die Territorien der einzelnen Individuen liegen aber dicht beieinander. Die Männchen besetzen ein mehrere Quadratmeter großes Territorium, an dessen Peripherie sich die weiblichen Tiere aufhalten, um sich in der

Abb. 29. Straßen werden den Bartagamen häufig zum Verhängnis. Foto: B. Eidenmüller

Paarungszeit begatten zu lassen. Dabei sind die Weibchen durchaus aktiv, um das dominante Männchen auf sich aufmerksam zu machen. Die männlichen Tiere fallen natürlich durch ihr Imponiergehabe schon eher auf, da sie um ihr Territorium überblicken zu können, meist erhöht, zum Beispiel auf großen Steinen, Baumstümpfen, an borkigen Baumstämmen oder auf Termitenhügeln sitzen und häufig nicken. In besiedelten und landwirtschaftlich genutzten Gebieten

Abb. 32. *Pogona vitticeps* (Oodnadatta, Süd-Australien).   Foto: B. Eidenmüller

Abb. 31. *Pogona mitchelli* (Purnululu National Park, West-Australien).   Foto: B. Eidenmüller

findet man Bartagamen sogar an Telegrafenmasten und auf Zaunpfählen. Bei Gefahr lassen sich die Tiere auf den Boden fallen und verschwinden rasch im hohen Gras oder Gestrüpp. Manchmal bewegen sie sich vom Eindringling weg auf die Rückseite eines Baumstammes und vertrauen vollkommen auf ihre Tarnung. Nie sieht man Bartagamen an glatten Eukalyptusbäumen sitzen.

Abb. 33. *Pogona vitticeps* auf seinem Aussichtsplatz (Coober Pedy, Süd-Australien).
Foto: B. Eidenmüller

Die Aktivitäten der Bartagamen
unterliegen im natürlichen Lebensraum einem ausgeprägten Jahreszyklus, vor allem abhängig von
Niederschlägen, Sonnenscheindauer
und Temperaturen. So ist *Pogona barbata* im südwestlichen Queensland
von September bis Mai aktiv, während
die Tiere die übrigen Monate weitgehend in einer Ruhephase verbringen
(LEE & BADHAM 1963).

Abb. 34 (rechts). Trächtige *Pogona mitchelli*
(Emma Gorge, Kimberleys, West-Australien).
Foto: B. Eidenmüller

Alle Bartagamenarten pflanzen sich eierlegend (ovipar) fort, wobei die Gelegegröße zwischen fünf und 35 Eiern pro Gelege variiert (gelegentlich auch mehr). Während einer Fortpflanzungssaison werden mehrere Gelege produziert, die das Weibchen im Boden vergräbt (meist, nachdem es mehrere Probegrabungen gemacht hat).

Nach einer Inkubationsdauer von 63-96 Tagen (temperaturabhängig) schlüpfen die Jungtiere. Eine besondere Brutpflege existiert nicht. Die Beobachtung, dass ein Weibchen die Eiablagehöhle kurz vor dem Schlupf der Jungtiere aufgegraben hat, um dem Nachwuchs so das Herausgraben zu erleichtern (SMITH 1974), ist bisher von keiner anderen Seite bestätigt worden und zumindest fraglich (GREER 1989).

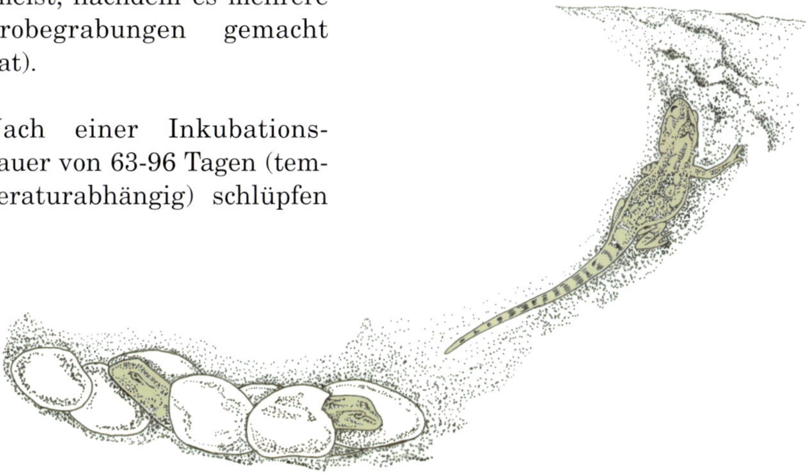

Abb. 35 (oben). Schlüpfende Bartagamen verlassen ihr Nest. Nach dem anstrengenden Schlupfakt müssen die Jungtiere sich noch nach oben graben. Zeichnung verändert nach PLANT / WEIGEL (in WITTEN 1993).

Abb. 36. Frischgeschlüpfte Bartagamen (hier: *Pogona vitticeps*) sind in ihrem natürlichen Lebensraum vielen Gefahren ausgesetzt (Quilbie, NSW).
Foto: B. Eidenmüller

Verhalten

Verhalten

Verglichen mit vielen anderen Echsen, haben Bartagamen ein sehr breites Verhaltensrepertoire. Unter Terrarienbedingungen entfalten sie dies aber nur dann vollständig, wenn sie unter guten Bedingungen (Platz, Licht, Klima) und in einer Gruppe von mehreren Artgenossen gehalten werden. Bartagamen sind ausgesprochen visuell orientiert, was durch eine Vielzahl von Verhaltensweisen zum Ausdruck kommt. Sie können Artgenossen, Beute und Fressfeinde über große Distanzen ausmachen.

Aufmerksame Bartagamen nehmen oft eine Körperhaltung ein, bei der der Schwanz nach oben gebogen ist, so dass die Spitze in die Luft ragt. Auch der Kopf ist dann angehoben. Damit signalisieren sie, dass sie aktiv und wachsam sind.

Bartagamen prüfen häufig mit ihrer fleischigen Zunge ihre Umgebung, wobei vor allem neue Gegenstände, Futter oder auch Artgenossen beleckt werden. Die durch das Züngeln an ihr haften gebliebenen Duftstoffe werden beim Zurückziehen der Zunge zu dem im vorderen Munddach befindlichen Jacobsonschen Organ befördert und dort wahrgenommen.

Abb. 38. Aufmerksame *Pogona minor* beim Durchstreifen ihres Habitats (Carnegie, Hstd., West-Australien)   Foto: B. Eidenmüller

Abb. 39. Die Bartagame hat den Beobachter registriert und hebt den Schwanz. Sie ist noch hell gefärbt ... (*Pogona vitticeps* bei Alice Springs). Foto: H.-G. Horn

Abb. 40. ... bei weiterer Annäherung verfärbt sich das Tier dunkel. Foto: H.-G. Horn

Abb. 41. Die Bartagame ist mutig. Anstatt zu flüchten, reißt sie drohend das Maul auf. Foto: H.-G. Horn

Abb. 42. Eine Gruppe junger *Pogona vitticeps* sitzt scheinbar friedlich zusammen. Das rang-höchste Tier wird jedoch jeden Moment die anderen vom besten Aussichtsplatz vertrei-ben.   Foto: U. Dost

Kommunikation

Bartagamen geben außer seltenem Fauchen keine Geräusche von sich, und das unbewegliche Gesicht verhin-dert jegliche Mimik. Bei der innerart-lichen Verständigung spielt die Kör-persprache (Kopfnicken, Armwinken, Schwanzanheben, Maulaufreißen etc.) eine wesentliche Rolle.

Soziale Hierarchie

Schon bald etabliert sich eine soziale Hierarchie in einer Bartagamen-gruppe. Bei mehreren Jungtieren in einem Terrarium zeichnet sich nach wenigen Tagen ab, welche Tiere domi-nant und welche zurückhaltender und weniger aggressiv sind. Vor allem bei der Futteraufnahme sind die domi-nanteren Individuen die gierigeren und aggressiveren Fresser, die den schwächeren Agamen das Futter weg-schnappen und durch Drohgebärden einschüchtern. Die Folge ist, dass der Größenunterschied zwischen domi-nanten und unterdrückten Tieren immer größer wird. Im Terrarium neh-men sich die dominanten Tiere meist einige Privilegien heraus, wie bei-spielsweise den besten Sonnenplatz, als Erste zu trinken, zu fressen oder zu baden. Das ranghöchste Tier besetzt den besten Sonnen- bzw. Aussichtsplatz, meist den am höchsten gelegenen Platz im Behälter, von wo aus es das ganze Terrarium kontrollie-ren kann. Das Kopfnicken ist eine der häufigsten Verhaltensweisen, um Dominanz auszudrücken. Nicht nur in der Paarungszeit wird dieses Verhalten durch Aufstampfen mit den Vorderfüßen, dem Schwarzfärben der Kehle und der Schwanzspitze unter-stützt. Reagiert der Empfänger nicht im gewünschten Maße, wird er ange-griffen und schließlich auch gebissen.

In freier Wildbahn würden sich die unterlegenen Individuen aus dem Einflussbereich des dominanten Tieres entfernen, im Terrarium muss der Pfleger die Tiere trennen, um Verletzungen oder gar Verluste zu ver-meiden.

Abb. 43. Drohgebärde eines Männchens von *Pogona vitticeps*. Im Terrarium lassen sie sich jedoch nur noch selten vom Pfleger provozieren.   Foto: G. Köhler

Wenn man das ranghöchste Tier, das auch als Alphatier bezeichnet wird, aus der Gruppe nimmt, übernimmt innerhalb kürzester Zeit das bisher zweitstärkste Tier die Dominanzfunktion, so dass bald das gleiche Problem wieder besteht. Die unterdrückten Tiere gehen nicht nur schlechter ans Futter, sie sind auch gefährdet durch die dominanten Agamen, die ihnen unter Umständen Zehen und Schwanzspitze oder gar ein ganzes Bein abbeißen können. Ist der Größenunterschied beachtlich kommt sogar Kannibalismus vor.

In der Welt der Bartagamen sind die ersten Lebensmonate ein gnadenloser Wettlauf, um möglichst viel Futter aufzunehmen und rasch zu wachsen.

Drohverhalten

Bartagamen können nicht nur ihre Gestalt, sondern auch ihre Färbung auffällig ändern. Die Stacheln des "Bartes" können von hellgelb nach blauschwarz umgefärbt werden. Zum Drohverhalten zählt das namensgebende Aufstellen des "Bartes" (radiäres Spreizen der Kehlhaut mit Auf-

33

stellen der Stachelschuppen; bei adulten Männchen voll ausgebildet) bei aufgerissenem Maul, wobei die gelbe Mundschleimhaut einen lebhaften Kontrast zu der dunklen Schuppenfärbung bildet. Dabei wird nicht nur die mit Stachelschuppen besetzte Kehlhaut, sondern auch die ebenfalls sehr stachelige Mundwinkelregion mit Hilfe des Zungenbeins in extremer Weise gespreizt (MERTENS 1946, KÄSTLE 1973). Dabei rotieren die ersten Ceratobranchialspangen nach unten und außen (THROCKMORTON et al. 1985). Durch die Spreizung kommt die schwarze Schuppenzwischenhaut besonders zur Geltung.

Unter Terrarienbedingungen gewöhnen sich die adulten Agamen bald an den Pfleger und lassen sich nur noch ausnahmsweise dazu provozieren, die-

ses Drohverhalten zu zeigen. Wenn sich eine Bartagame allerdings erschreckt und von etwas bedroht fühlt (z.B. durch das plötzliche Auftauchen eines Hundes), kann sie jederzeit mit aufgestelltem Bart und aufgerissenem Maul reagieren.

In die Enge getrieben, beginnen vor allem die beiden großen Arten (*P. barbata* und *P. vitticeps*), das ganze Repertoire ihres Imponiergehabes zu zeigen. Sie richten den "Bart" auf, das Maul mit kräftig gefärbten Schleimhäuten wird drohend geöffnet und dabei gefaucht, der Rumpf wird abgeflacht und schräg gestellt, die Stachelschuppen werden präsentiert und mit dem Schwanz geschlagen. Manchmal wird der "Feind" sogar angesprungen und gebissen.

Abb. 44. Abwehrverhalten einer *P. vitticeps* als Reaktion auf die Bedrohung durch eine Schlange (*Aspidites melanocephalus*). Zeichnung verändert nach PLANT / STAMMER (in WITTEN 1993).

Abb. 45. Zwei Männchen von *Pogona vitticeps* beim Imponiergehabe (Barkly Tableland, NT).
Foto: B. Eidenmüller

Abb. 46. Um größer zu wirken, wird der Körper abgeflacht und schräg gestellt. Dabei wird das Maul drohend geöffnet und gefaucht. Foto: B. Eidenmüller

Balz- und Territorialrituale

Wenn die Tiere die Geschlechtsreife erreichen, kommen Verhaltensweisen zum Ausdruck, die mit der Fortpflanzung im Zusammenhang stehen. Dazu zählen Balz- und Territorialrituale. Das Alphamännchen kontrolliert sein Territorium und duldet darin keine weiteren Männchen. Weibchen werden toleriert und während der Paarungszeit angebalzt. Begegnen sich zwei adulte Männchen, so entfalten sie meist ihr ritualisiertes Territorialverhalten (CARPENTER et al. 1970, ZIMMERMANN 1980).

Wenn keines der Männchen die Flucht ergreift und auch keiner der beiden die Beschwichtigungsgebärde (Ärmchendrehen) zeigt, färben die Tiere die Kehlregion schwarz und spreizen ihre Kehlhaut. Dabei nicken sie heftig mit dem Kopf, manchmal auch mit dem Vorderkörper (mit leichtem Strecken und Beugen der Vorderbeine; "Liegestützbewegungen"). Die Körper werden abgeflacht und einander seitwärts zugewandt, um möglichst groß zu erscheinen. Dann umkreisen sich die beiden Kontrahenten und richten die Körperseiten zueinander aus, wobei sie versuchen, den Rivalen in die Stachelschuppen an Hals und Körper zu beißen (wo die Tiere vor Ver-

Abb. 47-49. Zwei Männchen von *Pogona vitticeps* beim Territorialkampf im Terrarium.
Fotos: U. Dost

Abb. 50. Mit etwas Glück kann man ein Pärchen von *Pogona vitticeps* friedlich zusammenhalten.
Foto: G. Köhler

letzungen gut geschützt sind). Wenn es ein Tier geschafft hat, einen festen Haltebiss beim Gegner zu setzen, versucht das dominante Tier oftmals, seinen Körper in ruckartigen Bewegungen auf den des Rivalen zu schieben. Das unterlegene Tier bleibt als Geste der Unterwerfung bewegungslos auf dem Boden liegen oder versucht, sich frei zu schlängeln und wegzulaufen, wobei es oftmals das festgebissene dominante Tier noch ein Stück mitschleift, bevor die Tiere sich trennen (CARPENTER et al. 1970). Echte Beschädigungskämpfe sind selten, vorausgesetzt, das unterlegene Tier kann sich aus dem Einflussbereich des dominanten Männchens entfernen.

Durch diese ritualisierten Kraftproben bewähren sich die größten, stärksten und aktivsten Männchen, die so ein Territorium aufrechterhalten und Zugang zu den empfänglichen Weibchen haben. Ein Abdunkeln der Kehlregion, Schulterflecken und Schwanzspitze wird meist beim Alpha-Männchen beobachtet (CARPENTER et al. 1970).

Zum Balzverhalten der Männchen zählt Kopfnicken, das in Richtung des Weibchens ausgeführt wird. Das Weibchen kann das weitere Paarungsverhalten des Männchens provozieren, indem es passiv und ruhig sitzen bleibt bzw. den Schwanz

37

Verhaltensweise	Kontext	Funktion / Deutung
Nicken	Begegnung mit Rangniederen	Demonstration von Überlegenheit / Dominanz
Umfärben, Bartspreizen, Schrägstellen, Abflachen, Nicken	Revierverteidigung, Rangkonflikte	Demonstration von Verteidigungs- bereitschaft / Drohimponieren
Schwanzschlagen	Revierverteidigung, Rangkonflikte	Verbesserung, bzw. Verteidigung der sozialen Position / Kampf
Ärmchendrehen	Begegnung mit Ranghöheren	Hemmung der Angriffsbereitschaft Ranghöherer / Beschwichtigung
❶ Ducken	vor oder nach Kämpfen, Weibchen vor Paarung	Hemmung der Angriffs- bereitschaft des Über- legenen / Demut
Augen schließen	Bedrohung	Ablehnungsgeste
Umfärben, Bartspreizen, Maulöffnen, Schwanzschlagen, Zubeißen	Bedrohung	Verteidigung, Feindabwehr
❷ Nicken, Nackenbiss, Ducken, Schwanz anheben	Paarung	Fortpflanzung / Paarungsvorspiel
❸ Belecken der Nacken- oder Rückenregion	Soziale Interaktion	Identifizierung von Artgenossen, Erkennen

Abb. 51-53. Verschiedene Verhaltensweisen von Bartagamen (verändert nach ZIMMERMANN 1980).

leicht anhebt (BRATTSTROM 1971, ZIMMERMANN 1980). Das Männchen setzt seinen Paarungsbiss im Nacken oder seitlichen Halsregion des Weibchens und es kommt zur Paarung.

Demutsgesten

Weibchen und unterlegene Männchen verfügen über einige Verhaltensweisen, die dominante Tiere beruhigen sollen. Klassische Demuts- und Beschwichtigungsgesten sind beispielsweise das langsame Nicken mit dem Kopf und Oberkörper in der Art einer Verbeugung, sowie das Drehen und Winken mit den Vorderbeinen. Hierbei wird der Arm im Schultergelenk entlang der Körperachse gedreht. Eine typische Form der Kommunikation bei Bartagamen könnte also folgende Szene sein: Ein Männchen sitzt auf einem Kletterast und nickt in schneller Folge mit dem Kopf. Dies würde soviel bedeuten wie: "Ich bin hier der Chef, das ist mein Revier", ein Weibchen in Sichtweite könnte jetzt mit Verbeugungen und Winken antworten, mit der Aussage "Ich weiß das und ich akzeptiere deinen Status". Ein weiterer Unterwerfungsgeste ist es, sich flach auf den Boden zu drücken. Gelegentlich können auch Weibchen die dominante Rolle übernehmen.

Abb. 54. Filmsequenz vom Ärmchendrehen aus dem Videofilm "Bartagamen im Terrarium". Fotos: U. Dreutler

Thermoregulation

Wie alle Reptilien sind Bartagamen poikilotherm, also wechselwarm. Die Sonne ist einer der bestimmenden Faktoren im Tages- und Jahresrhythmus der Bartagamen. Sie benötigen für ihre Aktivitäten und den Stoffwechsel bestimmte Temperaturen und Helligkeitswerte. Bartagamen, die in Australien vor allem Trockengebiete bewohnen, haben Strategien entwickelt, um Wasser zu sparen und dem Hitzetod zu entgehen.

Durch die hohe Sonneneinstrahlung werden im natürlichen Lebensraum der Bartagamen Lufttemperaturen von deutlich über 40 °C und lokal Oberflächentemperaturen von bis zu 70 °C erreicht, Temperaturen, die praktisch für jedes Tier innerhalb kurzer Zeit tödlich sind. Nur mit Hilfe geeigneter Thermoregulation können Bartagamen ihre Körpertemperatur in einem für sie physiologischen Bereich halten und so in diesen lebensfeindlich anmutenden Lebensräumen überleben. Freilebende Bartagamen (*Pogona barbata*) halten ihre Körpertemperatur im recht engen Bereich von 30-40 °C (Mittelwert je nach Studie 34,6–35,5 °C), weitgehend unabhängig von der sie umgebenden Luft- und Substrattemperatur (LEE & BADHAM 1963, PIANKA 1986, GREER 1989). Bartagamen sind nicht den ganzen Tag über in der prallen Hitze aktiv; vielmehr haben sie Aktivitätsschwerpunkte und wechseln je nach Bedarf zwischen sonnigen und schattigen Plätzen.

Abb. 55-56. Ein junges Männchen von *Pogona vitticeps* dreht sich so in Position, dass es möglichst viele Sonnenstrahlen abbekommt.   Foto: R.D. Bartlett

Abb. 57. Bevor die Bartagame aufgewärmt ist, ist sie noch dunkel gefärbt.   Foto: U. Dost

Wenn die Agamen morgens aus ihren Verstecken kommen, bewegen sie sich langsam (ihre Körpertemperatur entspricht in etwa der Umgebungstemperatur). Sie suchen dann direkt Plätze auf, die möglichst sonnenexponiert sind. Um möglichst viel Wärme aufzunehmen, flachen sie sich durch das Spreizen der Rippen ab und richten den Körper zur Sonne hin aus. Dabei klettern sie gerne auf erhöhte Plätze wie Felsen, Zaunpfosten und Termitenbauten (LEE & BADHAM 1963), wobei bevorzugt Substrate aufgesucht werden, die schlechte Wärmeleiter sind (z.B. Holz, Pflanzen), um möglichst wenig der aufgenommenen Sonnenwärme an das Substrat zu verlieren. Auch physiologische Prozesse sind bei der Thermoregulation von Bedeutung. Bartagamen können – wie viele andere Echsen auch – innerhalb weniger Minuten ihre Körperfärbung deutlich verändern, was durch Kontraktion melaninhaltiger Hautzellen (sogenannte Melanophoren) geschieht (GREER 1989). Dabei kann zum einen die Gesamtfärbung heller oder dunkler werden; zum anderen können bestimmte Farbelemente (z.B. bestimmte Flecken oder Bänder) selektiv heller bzw. dunkler und somit kontrastreicher werden (dies spielt vor allem bei sozialen Interaktionen eine Rolle).

Morgens sind die Agamen meist recht dunkel gefärbt, um eine maximale Wärmeaufnahme zu ermöglichen. Weiterhin können die Agamen die Strömungsverhältnisse des Blutkreislaufs verändern, um so die Thermo-

Abb. 58. Das Hecheln dient der Kühlung der Mundschleimhäute bei großer Hitze.
Foto: K. Grießhammer

regulation zu unterstützen. Beim Aufwärmen werden die großen Blutsinusse im Kopf besonders stark durchblutet, was z.B. auch an den meist leicht geschwollen wirkenden Augäpfeln sonnenbadender Agamen erkennbar ist (MITCHELL 1973). PORTER (1991) beobachtete Bartagamen, die sich beim Aufwärmen mit geöffnetem Maul in Richtung der Wärmequellen orientierten; vermutet wird, dass dabei die stark durchblutete Mundschleimhaut die Wärmeaufnahme und Verteilung in den Körper positiv beeinflusst.

Nachdem sie ihre "Betriebstemperatur" erreicht haben, beginnen ihre Aktivitäten, z.B. Herumlaufen, um zu fressen. Mit steigenden Temperaturen ändert sich das thermoregulatorische Verhalten der Echse. Sie muss nun versuchen, ihre Körpertemperatur im Optimalbereich zu halten, also auch nicht zuviel Wärme aufzunehmen. Die dunkle Hautpigmentierung hellt sich auf, die Tiere heben ihren Körper vom Boden ab, stellen sich auf die Fersen und begeben sich ggf. zu schattigeren, kühleren Plätzen. Sollte dieses noch nicht ausreichen, heben sie abwechselnd die Füße vom heißen Boden, öffnen das Maul und schieben die Zunge ein Stück hervor. Bei drohender Überhitzung (bei einer Körpertemperatur über 41 °C) beginnen die Agamen zunächst mit offenem Maul zu hecheln

und ziehen sich dann in schattige Bereiche zurück. Beim Hecheln verdunstet Flüssigkeit von der feuchten Schleimhaut und hilft der Bartagame sich abzukühlen. BARTHOLOMEW & TUCKER (1963) geben an, dass die Letaltemperatur bei Bartagamen bei etwa 45 °C liegt.

Wenn am späten Nachmittag die Sonne schwächer wird und die Lufttemperatur abnimmt, versuchen die Agamen ihre eigene Abkühlungsrate zu verzögern. Sie nutzen dann warme Felsen oder auch den Asphalt von Straßen, die noch eine Weile die Wärme speichern, um die Körpertemperatur hoch zu halten. Dazu pressen sie ihren Körper an das Substrat (Aufnahme von Konduktionswärme). Schließlich ziehen sie sich in ihre Verstecke zurück, in denen die Auskühlung noch ein wenig herausgezögert wird, wodurch die Tiere ein wenig zusätzliche Zeit z.B. zum Verdauen gewinnen (GREER 1989).

Abb. 59. *Pogona mitchelli* beim
Aufnehmen der letzten
Sonnenstrahlen im Purnululu
Nationalpark, West-Australien.
Foto: B. Eidenmüller

Pflege im Terrarium

Pflege im Terrarium

Bevor man sich dazu entscheidet Bartagamen zu pflegen, sollte man einige Punkte bedenken und mit seinen Mitbewohnern besprechen.

Abb. 61. Sehen sie sich das Tier, das sie erwerben möchten, genau an.
Foto: K. Affonce

✓ Sollte in ihrem Mietvertrag stehen, dass Sie keine Tiere halten dürfen, sind Tiere, die in Käfigen und Terrarien leben, normalerweise von dieser Klausel ausgeschlossen. Sollten Ihnen Futtertiere entkommen und diese oder auch penetranter Geruch Ihre Nachbarn belästigen, könnten sich jedoch wohnrechtliche Konsequenzen ergeben!

✓ Zu bedenken sind weniger die Kosten des Erwerbs, sondern vielmehr die laufenden Kosten für die Tiere: Bartagamen benötigen regelmäßig Futtertiere (v.a. Insekten). Nicht zu unterschätzen ist die sicherlich erhöhte Stromrechnung, da die Tiere sehr hell beleuchtete Terrarien benötigen. Auch die tiermedizinische Versorgung durch einen reptilienkundigen Tierarzt muss gesichert werden.

✓ Bereits vor dem Erwerb sollten sie sich Gedanken um eine Urlaubsvertretung machen. Bedenken sie den Arbeitsaufwand der entsteht: z.B. Futterzubereitung, Füttern, Reinigung von Futterschüssel und Trinknapf. Bei Problemen oder während der Fortpflanzungszeit erhöht sich der Zeitbedarf.

✓ Zum Zeitpunkt des Erwerbs muss das voll funktionsfähige Terrarium schon bereitstehen und bereits einige Woche probegelaufen sein.

✓ Aus Australien dürfen keine dort einheimischen Tiere exportiert werden. Keine der Bartagamen-Arten ist auf einem der Anhänge der Convention on International Trade of Endangered Species of Wild Fauna and Flora (CITES) gelistet. Bartagamen sind in Deutschland nicht meldepflichtig.

✓ Besonders von *P. vitticeps* und in zunehmendem Maße auch von *P. henrylawsoni* gibt es zahlreiche Nachzuchten. Diese werden traditionell durch Inserate im Rundbrief der DGHT und verschiedenen Terrarienzeitschriften, aber mittlerweile auch auf Börsen, über lokale Kleinanzeigenjournale oder das Internet angeboten. Es ist von Vorteil, Bartagamen bei einem versierten Züchter zu erwerben. Hier sieht man die Elterntiere und bekommt einen Überblick über deren Haltungsbedingungen. Auch sind die Tiere hier weniger gestresst.

Abb. 62. Jungtiere sollten beim Kauf wenigstens einen Monat alt sein.   Foto: G. Köhler

✓ Gerade in Kleinanzeigen und wissenschaftlichen Arbeiten findet man oft Zahlencodes vor den Tiernamen wie z. B. "1,2,14". Diese Zahlen geben die Anzahl und das Geschlecht an. Die erste Zahl beschreibt die Anzahl der Männchen, die zweite die der Weibchen und die dritte Zahl die der Tiere mit unbestimmtem Geschlecht (meist Jungtiere). Der oben angegebene Zahlencode bedeutet also: Ein Männchen, zwei Weibchen und vierzehn Tiere unbestimmten Geschlechts.

✓ Junge Bartagamen sollten beim Kauf wenigstens einen Monat alt und futterfest sein. Dem Anfänger seien jedoch eher halbwüchsige Jungtiere (1/3 - 1/2 der Adultgröße) empfohlen, da diese bereits deutlich robuster sind als sehr kleine Individuen. Will man mit der Pflege von Bartagamen beginnen, empfiehlt es sich eine Gruppe von 2-3 Tieren zu erwerben.

✓ Laufen die kleinen Bartagamen auf zittrigen Beinen und mit Koordinationsschwierigkeiten durch das Terrarium, ist auf eine Mangelkrankheit zu schließen.

Auf den Erwerb von Tieren mit den genannten Krankheitsanzeichen sollte man folglich besser verzichten. Kranke Jungtiere haben, wenn überhaupt, nur bei sehr erfahrenen Haltern eine Chance – lassen Sie sich also nicht zu Mitleidskäufen hinreißen.

✓ Bitten Sie den Verkäufer, den Jungtieren etwas Futter zu geben, um zu sehen, ob diese sich ihren Teil erbeuten. Wenn die kleinen *Pogona* jetzt bei der Jagd zittern, so ist es kein Krankheitssymptom, sondern die Folge einer natürlichen Überreaktion beim Beutefangen. Entscheiden Sie sich nicht für auffällig ruhige, vermeintlich "zahme" Exemplare in einer Gruppe, da diese unter Umständen krank sind, sondern für die aufmerksamen, aktiven Tiere, die möglicherweise sogar Drohverhalten zeigen.

✓ Lassen sie sich für die Auswahl der Tiere Zeit, um später viel Freude mit ihren Schützlingen zu haben.

Abb. 63. Erwachsenes Weibchen (*P. vitticeps*) in sehr gutem Ernährungszustand. Foto: G. Köhler

✓ Zur Auswahl der Bartagamen werden die Tiere vorsichtig in die Hand genommen und aufmerksam betrachtet. Sind die Echsen abgemagert – oft zeichnen sich dann die Knochen durch die Haut ab, vor allem im Bereich von Hinterhaupt, Becken und Schwanz – ist die Echse in einem sehr schlechten Ernährungszustand und oftmals krank. Hat sie trotz dieser Symptome einen dicken, prallen Bauch, ist ein Wurmbefall wahrscheinlich.

✓ Der Kopf bzw. die Kiefer vor allem älterer Tiere neigen zur Abszessbildung. Diese können auch nach erfolgreicher Operation an der gleichen oder auch an anderen Stellen wieder entstehen und letztendlich sogar zum Tode führen.

✓ Geschwollene Gliedmaßen können ein Anzeichen für Brüche oder rachitische Erkrankungen, besonders fibröse Osteodystrophie sein (vgl. Kapitel "Erkrankungen"). Sollten die hinteren Extremitäten geschwollen sein, kann es sich um eine schwere Nierenerkrankung handeln.

✓ Durch vorsichtiges Ziehen an der Kehlhaut wird das Maul der Bartagame geöffnet. Oft reicht schon ein Streichen an der Maulspalte, um das Öffnen zu provozieren. Sieht man einen käsigen Belag, ist eine Maulfäule zu vermuten. Bei fortgeschrittenem Verlauf kann es zu Darm- und Lungenentzündungen kommen.

Abb. 64. Überprüfen sie die Hautfalten auf Parasiten. Foto: R. Pesch

Abb. 65. Agile aufmerksame Jungtiere sind meist in gutem Gesundheitszustand. Foto: G. Köhler

✓ Betrachten Sie die Hautfalten und die Kloake. Hier können Sie unter Umständen kleine Milben oder Zecken finden. Diese sind lästige Parasiten, die aber im Quarantäneterrarium behandelt werden können.

✓ Fehlende Zehen und kupierte Schwänze mit gut verheilten Wundrändern sind in erster Linie eine Frage der Ästhetik und beeinträchtigen die Tiere in der Regel kaum. Wollen Sie selber züchten, müssen sie jedoch auf den Kauf von Tieren mit Knickschwänzen und Buckelbildung verzichten. Diese Erbkrankheiten kommen am häufigsten bei *Pogona henrylawsoni* vor. Zur Zucht sollten auch keine miteinander verwandten Tiere verwendet werden. Nehmen sie deshalb am besten von Anfang an Jungtiere verschiedener Eltern.

Abb. 66. Entdecken sie bei den Tieren abgebissene Schwänze oder Zehen, die gut verheilt sind, so ist dies nur ein Schönheitsfehler. Foto: K. Grießhammer

49

Bartagamen im Internet

Auf verschiedenen Homepages mit dem Thema Bartagamen findet man Freilandaufnahmen, Daten über Australien, Klimatabellen aber auch zahlreiche Links und Foren, die einen Austausch mit anderen Haltern ermöglichen. Die verfügbaren Informationen sollte man kritisch betrachten. So werden auf zahlreichen Seiten tierfeindliche Maßnahmen als artgerecht propagiert und einige selbsternannte "Experten" können den Anfänger mit falschen Informationen in die Irre führen. Halter, die Bartagamen über viele Jahre bestenfalls sogar über mehrere Generationen halten, können meist sehr hilfreiche Antworten zu auftretenden Fragen geben.

Es gibt auch zahlreiche Seiten mit Kleinanzeigen, auf denen Züchter und Händler Bartagamen anbieten. Es wird leider immer üblicher, dass die Tiere bestellt werden und mit einem Spezialversand bis zur eigenen Haustür geliefert werden. Dieses stellt einen erheblichen Stress für die Bartagamen dar und manchmal entpuppt sich das versprochene wohlgenährte Weibchen als unterernährtes Männchen! Besuchen Sie lieber selbst den Züchter und suchen Sie bei ihm Ihr Tier aus. Alleine die zahlreichen Haltungstipps rechtfertigen auch längere Anfahrtswege.

Eine gute Adresse für Diskussionsforen ist die Homepage der DGHT, die unter www.dght.de erreichbar ist.

Abb. 67. Muten sie ihrem Tier keinen Versand zu, sondern holen sie es lieber beim Züchter ab.
Foto: K. Grießhammer

Transport

Abb. 68-69. Transportboxen für erwachsene Tiere (oben) und Jungtiere (unten).
Fotos: K. Grießhammer

Haben Sie sich für eine oder mehrere Bartagamen entschieden, müssen diese transportfertig gemacht werden. Kleine Tiere werden in Kleinstterrarien oder sogenannten Heimchendosen mit Zellstoff verpackt, große Tiere in Leinenbeutel gesetzt, die gut verschlossen werden. Für ausreichende Lüftung der Plastikbehälter muss durch kleine Löcher gesorgt werden. Die Tiere sollten einzeln eingepackt und auf dem Transport visuell abgeschirmt werden, um bei diesem ohnehin stressreichen Vorgang nicht noch mit einer optischen Reizflut belastet zu werden.

Gerade die kleinen Tiere sind aufgrund ihrer Proportionen – geringes Volumen bei großer Oberfläche – besonders gefährdet innerhalb kurzer Zeit auszukühlen, aber auch die großen Exemplare können sich bei kaltem Luftzug und zu kühlen Temperaturen lebensgefährliche Erkrankungen zuziehen. Es empfiehlt sich eine thermostabile Verpackung, in die die Plastikbehälter bzw. Leinenbeutel hineinkommen. Hierzu werden meist Styroporkisten, bei Bedarf auch noch Heizquellen wie mild temperierte Taschenwärmer oder Wärmflaschen, verwendet. Selbstredend darf sich dieses Paket auch nicht überhitzen und den Tieren muss ausreichend Sauerstoff zur Verfügung stehen!

51

Eingewöhnung

Daheim angekommen, setzt man die Tiere baldmöglichst in ein Quarantäneterrarium und lässt sie für die nächsten Tage weitgehend in Ruhe, damit sie sich an die veränderten Bedingungen gewöhnen können. Während manche Tiere sofort neugierig ihre neue Umgebung erkunden und auch gierig fressen, ziehen sich andere für einige Tage zurück und verweigern die Futteraufnahme. Beide Verhaltensweisen sind völlig normal.

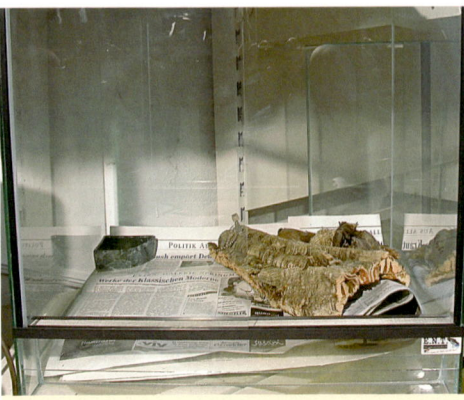

Abb. 71. Einfach eingerichtetes Quarantäneterrarium. Foto: K. Grießhammer

Alle neuerworbenen Bartagamen sollten für mindestens sechs Wochen in einem Quarantäneterrarium beobachtet werden. Ein Quarantäneterrarium ist ein leicht zu reinigendes und zu desinfizierendes Behältnis, das in seiner Ausstattung dem eigentlichen Terrarium entspricht; mit einem Wassernapf, Rückzugsmöglichkeiten und natürlich Licht- und Wärmequellen. Als Bodenauflage wird weißer Zellstoff verwendet, der täglich gewechselt wird. Wählen Sie das Quarantäneterrarium nicht zu klein. Es kann Ihnen dann auch als Aufzuchtbecken dienen oder Verwendung finden, wenn einmal Tiere kurzzeitig getrennt werden müssen. Für *Pogona vitticeps* empfiehlt sich ein Becken mit mindestens 100 cm Länge.

Besondere Aufmerksamkeit gilt jetzt der Überprüfung des Gesundheitszustandes der Tiere, insbesondere, ob die Pfleglinge parasitenfrei sind.

Abb. 70. Geben sie den Tieren Zeit, sich einzugewöhnen. Foto: A. Calgua

Suchen sie auf den Tieren und dem Zellstoff nach den sehr kleinen Milben, die gelegentlich auf Agamen zu finden sind. Der Kot sollte überwiegend fest sein und nicht im besonderen Maße penetrant riechen. Es muss von jedem Tier eine frische Kotprobe an ein Institut oder einen kundigen Tierarzt geschickt werden, um zu prüfen, ob ein Endoparasitenbefall vorliegt. Adressen von geeigneten Instituten finden sie auf Seite 187.

Muss man auf ein Quarantäneterrarium verzichten, richtet man das eigentliche Terrarium nach den oben genannten spartanischen Bedingungen ein. Im Quarantäneterrarium sollten die Tiere so stressarm wie möglich gehalten werden, um ihnen die Gewöhnung an die neue Umgebung zu erleichtern.

Abb. 73. Lassen sie die Tiere in den ersten Tagen ganz in Ruhe.
Foto: K. Grießhammer

Auch wenn es schwer fallen mag, die Agamen nicht herauszuholen, muss

Abb. 72. Zellstoff ist in den ersten Tagen eine geeignete Unterlage. Foto: K. Grießhammer

man ihnen diese Zeit zur Umgewöhnung gönnen. Wenn sich die Tiere als gesund herausstellen, können sie schließlich in ihr voll eingerichtetes Terrarium einziehen.

Will man eine bereits eingelebte Bartagame mit einer weiteren vergesellschaften, empfiehlt es sich, das Terrarium anders einzurichten und den gesunden Neuankömmling nach der Quarantäne für einige Tage alleine in dem Becken zu belassen, um ihm bei der folgenden Zusammenführung einen kleinen Vorteil zukommen zu lassen.

Das Terrarium

Im Gegensatz zu den herkömmlichen, domestizierten Haustieren wie Hunden, Katzen und Nagetieren sind Bartagamen in ihrer Morphologie nahezu unverändert im Vergleich zu ihren australischen Verwandten. Im Laufe der Evolution möglichst optimal an ihre Lebensbedingungen im Freiland adaptiert und nur begrenzt anpassungsfähig, müssen sie sich in Menschenhand in einer künstlichen Umgebung zurechtfinden. Einer freilebenden Agame steht für ihre Aktivitäten ein riesiges Areal mit zumeist optimalen Verhältnissen zur Verfügung. Die Aufgabe des Pflegers ist es, sich soweit wie möglich an den Ansprüchen der freilebenden Tiere zu orientieren und ihnen die bestmöglichen Bedingungen zu bieten.

Standort

Ein Terrarium kann für seinen Besitzer verschiedene Zwecke erfüllen. Ob als Schmuckstück für das Wohnzimmer oder als reine Zuchtanlage, muss das Terrarium immer den Bedürfnissen der Tiere entsprechen.

Das gilt auch für den Standort des Terrariums: Ein heller Raum mit direkter Sonneneinstrahlung tut den Pfleglingen zweifelsfrei sehr gut. Es ist jedoch zu bedenken, dass insbesondere in einem Glasterrarium Sonnenstrahlen innerhalb kürzester Zeit die

Temperaturen in einen lebensgefährlichen Bereich für die Tiere bringen können. Extreme Temperaturen, ausgelöst durch Heizkörper oder kalte Zugluft, müssen vermieden werden. Das Terrarium muss möglichst weit entfernt von allen Vibrationsquellen wie Waschmaschine oder Audioboxen in einem rauchfreien Raum aufgestellt werden.

Besitzt man mehrere Bartagamenterrarien, darf man diese nicht so aufstellen, dass die Tiere sich sehen können, da sie sich sonst alleine über den visuellen Kontakt bis zum Tode stressen können. Das gilt auch für die Aufzucht- und Quarantänebehälter.

Terrariengröße

Egal ob man sich im Fachhandel ein Terrarium kauft oder dieses im Eigenbau anfertigt, sollte auf eine möglichst große Grundfläche geachtet werden. Seit dem 10. Januar 1997 liegt ein Gutachten über "die Mindestanforderungen an die Haltung von Reptilien", erstellt im Auftrag des Bundesministeriums für Ernährung, Landwirtschaft und Forsten, Referat Tierschutz (1997), vor. Neben einigen anderen Vorgaben regelt es auch die Mindestterrariengröße: Für ein Paar Bartagamen werden das fünffache der Kopf–Rumpf–Länge (KRL) als Mindestlänge des Terrariums, das vierfache der KRL für die Breite und das dreifache der KRL für die Höhe verlangt.

Bei den großwüchsigen Arten *Pogona barbata* und *P. vitticeps* ergeben sich bei einer KRL von 25 cm die Mindest-Terrarienmaße 125 cm Länge x 100 cm Breite x 75 cm Höhe. Für jedes weitere Tier müssen 15% Fläche addiert werden. Da es schwierig werden kann, ein 1 Meter tiefes Terrarium durch die Tür zu bekommen und aufzustellen, kann man dafür in der Länge variieren. Ein oft verwendetes Maß ist 150 cm Länge x 80 cm Tiefe x 80 cm Höhe.

Für die kleineren Arten wie *P. mitchelli* und *P. henrylawsoni* eignen sich Behälter mit 120 cm Länge x 80 cm Tiefe x 60 cm Höhe.

Aber auch hier gilt:
Je größer, desto besser!

Abb. 74. Das Terrarium sollte so groß wie möglich gewählt werden, um den Tieren eine artgerechte Haltung zu ermöglichen
Foto: U. Dost

55

Im Zoohandel werden selten ausreichend große Terrarien angeboten, meistens kann man dort aber Vollglasterrarien in den gewünschten Größen bestellen. Man muss unbedingt beachten, dass das Terrarium vom Laden zum dafür vorgesehenen Platz transportiert wird. Probleme wie Zerbrechlichkeit, hohes Gewicht und große Maße müssen vor dem Transport bedacht werden. Glasterrarien sehen optisch gut aus und lassen sich leicht desinfizieren. Terrarien auf Aluminiumstecksystem-Basis sind sehr praktisch und variabel. Sie lassen sich zum Transport oder bei einem Umzug in handliche Einzelteile zerlegen und können mit Rück- und Seitenwänden bestellt werden, die sich bearbeiten lassen. Lochbohrungen oder das Einarbeiten einer strukturierten Rückwand werden so erleichtert.

Umgebaute Aquarien haben einige entscheidende Nachteile: Um sowohl den Bartagamen als auch den Futtertieren das Entweichen unmöglich zu machen, muss ein festsitzender, stabiler Deckel gebaut werden, an dem die Beleuchtung installiert wird und der gleichzeitig für ausreichende Belüftung sorgen muss. Während die anderen Terrarientypen über Schiebescheiben auf der Frontseite verfügen,

kann man hier nur von oben in das Terrarium greifen. Das erschwert die Pflege und bedeutet auch für die Tiere Stress, da in freier Wildbahn viele ihrer Fressfeinde (Vögel) von oben kommen (HAUSCHILD & BOSCH 1999). So zeigen auch im Terrarium viele Tiere auf schnelle Bewegungen von oben Abwehrreaktionen wie Bartaufstellen und Maulaufreißen. Ein nicht zu unterschätzendes Problem ist die meist mangelhafte Belüftung.

Im Gegensatz zu einem Terrarium mit großen Lüftungsflächen, ist bei Aquarien der Luftaustausch sehr eingeschränkt. Sowohl Hitzestauungen als auch Sauerstoffmangel können die Folge sein, was immer schädlich für die Terrarienbewohner ist.

Abb. 75. Am besten ist ein Terrarium, das sich von vorne öffnen läßt.   Foto: G. Köhler

Konstruktion eines Terrariums

Mit einem selbstgebauten Terrarium kann man eine sehr ansprechende und flexible Lösung finden, vorausgesetzt, man hat ein wenig handwerkliches Geschick. Es gibt sehr unterschiedli- che Methoden und Voraussetzungen, jedoch sollen im folgenden ein paar Grundideen für den Bau eines Bartagamenterrariums beschrieben werden.

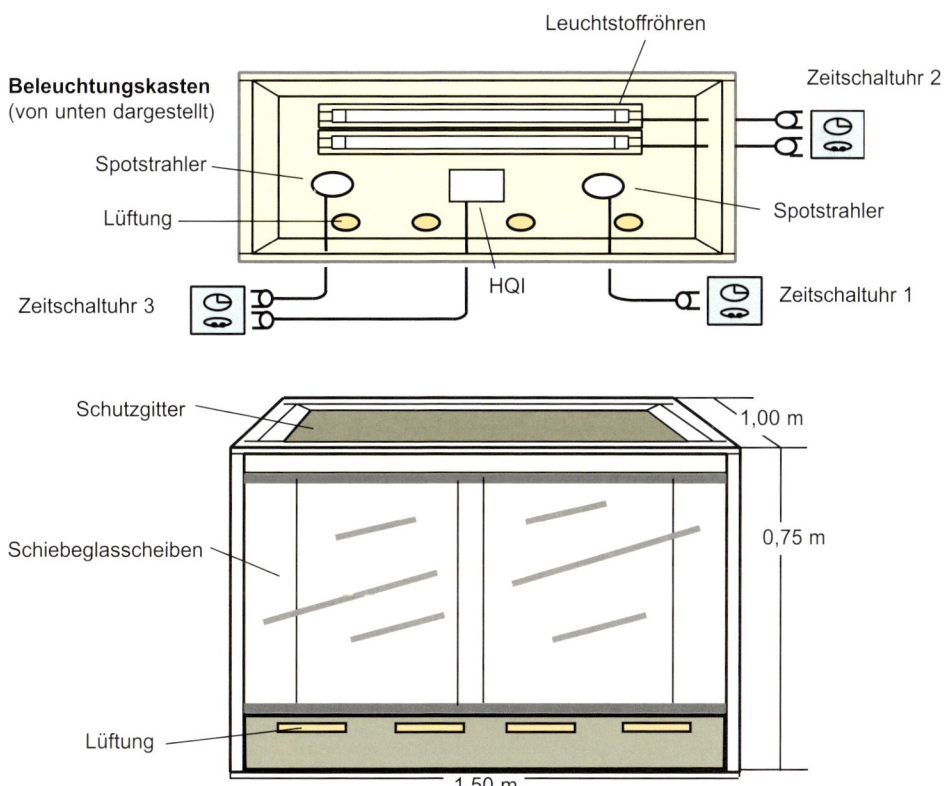

Abb. 76. Beispiel für die Grundkonstruktion eines Bartagamenterrariums.

Abb. 77. Als Terrarienboden werden hier Pressspanplatten verwendet, die mit Teichfolie bezogen wurden. Foto: K. Grießhammer

Abb. 78. Die Wände werden mit Styroporplatten versehen, die später bearbeitet werden, um als Kletterflächen zu dienen.
Foto: K. Grießhammer

Abb. 79. Es müssen Lüftungsflächen (hier für oben) eingebaut werden. Foto: U. Dreutler

Es dürfen natürlich nur ungiftige Materialien verwendet werden. Für den Grundaufbau eignen sich Glas, Siebdruckplatten und beschichtete Pressspanplatten. Sie müssen eine ausreichende Stärke aufweisen, um auch im voll eingerichteten Zustand stabil zu bleiben.

Die Lüftungsflächen müssen ausreichend groß sein und sich in möglichst großem Abstand gegenüberliegen. Man sollte beachten, dass die hierfür verwendeten Gitter oder Lochbleche korrosionsfest sind, keine scharfen Kanten aufweisen und das Entweichen der Futtertiere verhindern. Sie sollten in einer Mindesthöhe von 15 cm oberhalb des Bodengrundes angebracht werden, damit sich die Bartagamen nicht ihre Schnauzen daran aufreiben können und der Bodengrund möglichst hoch eingefüllt werden kann.

Die Führungsschienen für die Frontglasscheiben müssen einigen Abstand zum Bodensubstrat haben, damit diese leichtläufig bleiben und nicht ständig Sand in die E-Profile gelangt. Die Glasscheiben sollten 6 mm dick sein, da grabende Bartagamen kleine Steinchen derart beschleunigen können, dass diese das Glas beschädigen können. Um ein stetes Durchrieseln des Sandes zu verhindern, werden alle Spalten mit Silikon abgedichtet.

Beleuchtung und Heizung

Da sowohl die Temperatur als auch die Helligkeitsintensität eine entscheidende Rolle im Leben der Bartagamen spielt (vgl. Kapitel "Thermoregulation", S. 40), kommt der Beheizung und der Beleuchtung im Terrarium eine ganz besondere Bedeutung zu. Im Fachhandel werden viele Beleuchtungssysteme angeboten und man muss abhängig von den eigenen Gegebenheiten eine geeignete Lösung finden.

Es gilt als Grundregel, dass ein Bartagamenterrarium so hell wie möglich zu beleuchten ist und den Tieren sowohl sehr warme Aufheizplätze als auch kühle Rückzugsflächen anzubieten sind. Bartagamen, die in dunklen Terrarien gehalten werden, verhalten sich überwiegend inaktiv, verweigern oftmals das Futter, ziehen sich zurück und können an dem Mangel an Helligkeit sogar eingehen. Wer einmal in Australien die Intensität der Sonne erlebt hat, wird jedes Terrarium – unabhängig vom betriebenen Aufwand – als zu dunkel bezeichnen. Erreicht die Helligkeit im Terrarium gerade einmal 1000 Lux, sind es im natürlichen Lebensraum über 100.000 Lux (GEHRMANN 1987, 1994a,b)!

Zur Haltung von Bartagamen wird einiges an technischen Hilfsmitteln benötigt. Alle heißen und stromführenden Teile müssen auf jeden Fall außerhalb der Reichweite der Tiere und spritzwassergeschützt angebracht werden. Für alle Strahler über 60 Watt

Abb. 80. Für Helligkeit und Wärme sorgt hier eine Kombination aus HQI, Leuchtstoffröhren und Spotstrahlern.   Foto: K. Grießhammer

sollten Keramikgewinde benutzt werden. Sämtliche Herstellerempfehlungen sind einzuhalten. Alle elektrischen Installationen sind Aufgabe des Fachmanns!

Quecksilberdampflampen

Als Beleuchtungsmittel mit geeignetem Spektrum und einer hohen Lichtausbeute bei vergleichsweise geringen Stromverbrauch werden **HQI**-Strahler verwendet. Die mit Vorschaltgerät zu betreibenden Strahler sind recht teuer, aber den günstigeren **HQL**-Lampen vorzuziehen. Gebraucht sind sie gelegentlich günstig erhältlich und die Anschaffung kann nur dringend empfohlen werden. Für ein Terrarium mit den empfohlenen Maßen verwendet man zwei 70 Watt oder eine 150 Watt Lampe. Als

59

Leuchtmittel eignen sich beispielsweise die Farbtöne HIT-DE 150 NW (KÖHLER 1998), D oder NDL. Beobachtet man nach einigen Jahren ein Flackern im Licht, muss der Brenner ausgetauscht werden. Sollte man sich für HQL (Quecksilberdampflampen) entscheiden, wählt man 125 Watt Lampen mit dem Farbton Deluxe oder einem vergleichbaren Spektrum.

Da die Lichtintensität dieses HQL-Lampentyps kontinuierlich abnimmt, muss man die Leuchtmittel halbjährlich wechseln. In der älteren Literatur wird angegeben, dass diese Lampen UV-Strahlung abgeben. Mittlerweile werden sie jedoch leider nur noch mit UV-Stop produziert.

Abb. 81. Nur in einem sehr hellen Terrarium fühlen sich die Tiere wohl. Foto: A. Huy

UV-Bestrahlung

Bartagamen sollten als Jung- und Alttiere mit UVA (320-400 nm) und besonders UVB (280-320 nm) bestrahlt werden.

> Die Agilität, Aufmerksamkeit und Fortpflanzungsbereitschaft wird erhöht und zudem wird die Strahlung benötigt, um körpereigenes Vitamin D3 zu produzieren, das zu einer Mineralisierung des Knochengewebes benötigt wird.

Vitamin D_3 kann auch in synthetischer Form zugeführt werden. Hier liegen gesunde Dosis und Überdosierung jedoch recht nahe beieinander. Auch wenn das Thema UV-Bestrahlung oft kontrovers diskutiert wird, sei dem Anfänger in der Terraristik eine UV-Bestrahlung seiner Tiere dringend angeraten. Es stehen mehrere Möglichkeiten zur Auswahl. Die Heimtierindustrie produziert verschiedene Leuchtstoffröhren in unterschiedlichen Qualitäten.

Gute Erfahrungen konnten unter anderem mit der Produktreihe Iguana 5.0 (Zoo med) gemacht werden. Die Reichweite des wirksamen UV-Anteils beträgt selbst bei neuen Röhren nur 20-30 cm und wird von Glas nahezu komplett herausgefiltert. Um die Ausbeute zu erhöhen, sollten sie mit einem Reflektor versehen werden und alle sechs Monate gewechselt werden. Seit Jahrzehnten wird mit besten Ergebnissen der 300 Watt Ultravitalux-Strahler (Osram) verwendet. Die Bartagamen müssen mit täglich

Abb. 82. Natürliches Sonnenlicht sollte den Tieren unbedingt gegönnt werden. Foto: G. Köhler

länger werdender **Bestrahlungs-dauer** an die hohen Strahlungswerte gewöhnt werden, bis eine Brenndauer von 30-60 min erreicht wird. Ein bis zwei mal täglich, am Besten um die Mittagszeit, versorgt die Lampe die Bartagamen mit zusätzlicher Wärme, großer Lichtfülle und der nötigen UV-Strahlung. Der Ultravitalux-Strahler oder vergleichbare Typen benötigen einige Minuten, um sich aufzuheizen und das volle Spektrum zu entfalten. Es muss ein **Mindestabstand** von einem Meter zu den Tieren gehalten werden, da sonst Haut- und Augenschäden zu erwarten sind.

Von der Lampe wird auch große Hitze abgestrahlt, die in kleinen, schlecht belüfteten Terrarien schnell zu einer Überhitzung führen kann.

Eine Neuheit in der Terraristik sind UV-Spotstrahler, die nach einem ähnlichen Bauprinzip wie die Ultravitalux-Strahler konstruiert sind, im Gegensatz aber geringere Wattstärke aufweisen und ganztägig brennen können. Die eigenen Erfahrungen mit diesem Lampentyp sind durchweg positiv, wenn man sich an die Hersteller-empfehlungen hält.

61

Abb. 83. Bartagamen müssen die Möglichkeit haben, sich unter einem Spotstrahler aufzu-wärmen. Foto: R. Pesch

stellers mögen in einer Lichterkette auf der Veranda Stimmung verbreiten – für Bartagamenterrarien sind sie jedoch völlig ungeeignet. Die UV-Spotstrahler sollten nicht die einzigen Spotstrahler sein, damit sich die Tiere auch ohne UV-Bestrahlung aufheizen können. Lassen sich z. B. in sehr hohen Terrarien mit Spotstrahlern keine ausreichend warmen Stellen realisieren, muss man sich anderer technischer Hilfsmittel bedienen.

Auch sie sollten mindestens alle sechs Monate ausgetauscht werden. Neben dem UV-Anteil im Lichtspektrum liefern sie als Spotstrahler die Hitze für die lebensnotwendigen warmen Stellen.

Spotstrahler
Um den Körper aufzuwärmen und richtig verdauen zu können, verbringen die Tiere im Terrarium etliche Zeit des Tages unter dem Spotstrahler. An Spotstrahlern gibt es zahlreiche geeignete Produkte wie beispielsweise die Concentra Par Spots (80-120W), Halopar 30 (75W), Sylvania Halogenspot (75W) oder eine große Palette mehr oder weniger geeigneter Produkte im Zoofachhandel. Diverse blaue und rote Glühbirnen eines amerikanischen Terraristik-Zubehörher-

Heizkabel, Heizmatten, Heizsteine
Bewährt haben sich Heizkabel oder Heizmatten, die man im günstigsten Fall im Bereich der hellsten Beleuchtung installiert. Auch im natürlichen Habitat heizen sich Boden, Sand, Steine oder der Straßenasphalt durch Absorption der Sonnenstrahlung auf und lassen lokale Temperaturen entstehen, die weit über die Lufttemperatur hinausgehen. Diese bleiben oft auch noch bei Einbruch der Dunkelheit warm und geben langsam ihre Wärme ab. Im Terrarium ergibt sich jedoch ein Problem: Wenn sich die Tiere in freier Wildbahn in den Boden eingraben, wird es umso kühler, je tiefer sie graben. Hat man im Boden des Terrariums aber eine Heizquelle installiert, verhält sich der Temperaturgradient genau entgegengesetzt: je tiefer, desto

wärmer. Dieses kann man vermeiden, indem man auf den beheizten Stellen nur dünn Bodensubstrat oder Steinplatten aufschichtet, die ein Graben verhindern. Heizkabel müssen so am Boden fixiert sein, dass die Tiere sie nicht ausgraben können, da die Gefahr besteht, dass sie sich darin verheddern.

Im Zoofachhandel erhältliche Heizsteine können ebenfalls eine sinnvolle Ergänzung sein. Einige Modelle erreichen jedoch nicht die notwendigen Temperaturen, während bei anderen heiße Stellen entstehen können, die bei den Tieren Verbrennungen verursachen. Man sollte die Heizsteine mehrere Stunden laufen lassen und die Temperaturen regelmäßig messen, um dieses zu überprüfen.

Früher oft benutzte Keramikheizstrahler finden nur in Ausnahmefällen ihre Verwendung. Sie heizen zwar die Lufttemperatur gut auf, geben aber keine Helligkeit ab und stellen eine häufige Verbrennungsquelle dar. In besonders kalten Nächten oder wenn sich der Standort des Terrariums in einem sehr kühlen Raum befindet, ist – gut abgeschirmt – eine Benutzung aber denkbar.

Auch von Infrarotstrahlern kann nur abgeraten werden, da die Strahlung in tiefe Hautschichten vordringen und dort Verbrennungen hervorrufen kann.

Beleuchtung und Temperatur

Abhängig von den Gegebenheiten eignet sich meist eine Kombination aus HQI/HQL, Leuchtstoffröhren und Spotstrahlern. Sollte keine ausreichende UV-Versorgung gewährleistet sein, muss zusätzlich bestrahlt werden. Wenn die Aufheizplätze und Lufttemperaturen nicht hoch genug sind, muss mit zusätzlichen Heizquellen gearbeitet werden.

Die Fläche, auf die der Strahler gerichtet wird, sollte eine Temperatur von 40-50°C erreichen. Die restlichen Luft- und Bodentemperaturen sollten geringer sein, aber auch nicht so kühl, dass sich die Tiere ständig unter den Spotstrahler begeben müssen. Die Bartagamen müssen stets einen Temperaturgradienten von 25°C bis 40°C vorfinden können. Man sollte die Temperaturangaben aber nicht zu statisch sehen. Im Biotop können die Mikro- und Makroklimata auch extremere Werte erreichen und im Terrarium sollte man bei den Agamen zwischendurch ebenfalls einige kühlere Tage einlegen.

Luftfeuchtigkeit

Die relative Luftfeuchtigkeit sollte im Terrarium tagsüber 30-40% und nachts 50-60% betragen. Werte über 60% sind zu vermeiden. Etwa alle 2 Tage sollte gesprüht werden, vorzugsweise während der Hauptaktivitätszeit der Tiere (Mittagszeit). Die Tiere lecken dann häufig die Tropfen ab. Staunässe darf jedoch nicht entstehen, da ansonsten Pilzerkrankungen gefördert werden (vgl. S. 171f).

Die Tiere müssen am entgegengesetzten Teil der Heizquellen genügend Möglichkeiten haben, sich in kühlere Bereiche zurückziehen zu können. Besonders bei unverträglichen Tieren sollte jedes Exemplar mindestens einen gleichwertigen eigenen Wärmeplatz besitzen, der am Besten von den anderen mit einem Sichtschutz abgetrennt ist. Mit Zeitschaltuhren, einem unverzichtbaren Hilfsmittel, lässt sich eine **Beleuchtungsdauer** von 12-14 Stunden einstellen. Es ist empfehlenswert mit mehreren Zeitschaltuhren die Beleuchtungskörper nach und nach ein- bzw. ausschalten zu lassen, um Sonnenaufgang und -untergang zu simulieren.

Es ist sehr wichtig, die Temperatur vor dem Einsetzen der Tiere an verschiedenen Plätzen im Terrarium zu messen! Lassen Sie das vollausgestattete Terrarium einige Tage probelaufen!

Einrichtung

Das Einrichten des Terrariums ist von besonderer Bedeutung. Man schafft ein künstliches Kleinbiotop in dem die Bartagamen einen Großteil ihres Lebens verbringen werden. Nicht selten findet man Bartagamen in sogenannten "sterilen Terrarien". Hier fristen die Tiere ihr Dasein unter Bedin-

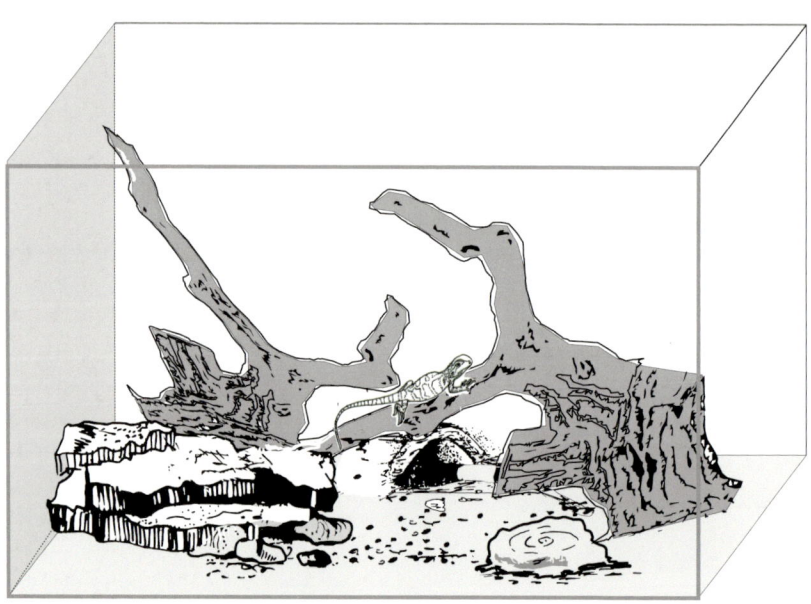

Abb. 84. Zur Terrarieneinrichtung gehören zahlreiche Strukturelemente, die als Sichtschutz dienen, sowie Klettermöglichkeiten.

gungen wie in einem Quarantäneterrarium. Mag man diese Art der
Haltung aus Gründen der Hygiene
noch verstehen, so ist sie doch wenig
artgerecht. Die Tiere müssen möglichst viele natürliche Verhaltensweisen ausleben können, und das Terrarium sollte dem Pfleger gefallen.

Abb. 85. In einem naturnah eingerichteten
Terrarium machen Bartagamen mehr Freude
(juvenile *P. vitticeps*).   Foto: K. Grießhammer

Bei der Einrichtung eines Terrariums für
Bartagamen müssen folgende Grund-
prinzipien erfüllt werden:

• Die Tiere müssen graben und klettern
  können,
• die Möglichkeit zur Exposition haben,
  aber auch Versteckplätze auffinden
  können.
• Sie benötigen trockene und feuchtere
  Bereiche,
• eine Wasserstelle und
• (bei Weibchen) Eiablagemöglichkeiten.

Bodengrund

Die Bartagamen haben ständigen
Kontakt zum Bodengrund und alleine
aus diesem Grund sollte dieser sinnvoll gewählt sein. Es können zahlreiche Materialien verwendet werden.
Spielsand, spezieller Terrariensand,
Sand-Lehm– oder Sand-Gartenerde–
Mischungen sowie Buchenholzspäne
eignen sich.

Kleintierstreu ist gänzlich ungeeignet. Es
kann zu lebensgefährlichen Verstopfungen
führen!

Wichtig ist, dass das Bodensubstrat völlig giftfrei ist. Einige Individuen graben viel und legen auch Höhlen an, während andere nur gelegentlich oder zur Eiablage graben.

Um den Tieren das Anlegen von Höhlen zu ermöglichen, benötigt man ein Material, dass seine Form behält und nicht einstürzt.

Wer das Terrarium aus Gewichtsgründen nicht 20-30 cm auffüllen möchte, kann ein ausreichend dimensioniertes (je nach Größe der Tiere 20x20x20 cm bis 60x30x20 cm, LBH) Gefäß ins Terrarium stellen, das mit leicht feuchtem Substrat gefüllt ist und somit auch für die Eiablage geeignet ist.

Im Ursprungsland überwiegen bräunliche, gelbliche und rötliche Erdfarben. Mittlerweile sind im Terraristikhandel auch bunt eingefärbte Substrate erhältlich, die jedoch nicht empfohlen werden können.

Wenn Bartagamen auch lange Zeit des Tages nur "ruhig herumliegen", haben sie doch einen Bewegungs- und Kletterdrang. Einige große Kletteräste sollten in jedem Terrarium vorhanden sein. Sie sollten sowohl horizontal als auch senkrecht angebracht werden, mindestens den Körperumfang der Bartagamen aufweisen und eine rauhe Rinde haben, so dass sich die Tiere ohne Probleme daran festhalten können.

Sehr geeignet ist die Rinde der Korkeiche, die sehr robust ist und zugleich Versteckplätze bieten kann. Auch von einem Spaziergang mitgebrachte Äste erfüllen natürlich ihren Zweck. Sie dürfen nicht von giftigen Bäumen stammen, da Einzeltiere beobachtet werden konnten, die sich Stücke der frischen Rinde abzogen und fraßen (GRIEßHAMMER unveröff.). Gut geeignet sind Äste von Eichen und Obstbäumen.

Abb. 86. Jungtier von *Pogona vitticeps* (Weißling) mit Spielsand als Bodengrund.
Foto: U. Schuster

Abb. 87. Auf dicken Kletterästen mit rauher Rinde läßt es sich leichter klettern (schön gefärbte *P. vitticeps*). Foto: U. Schuster

Unsere Meinung ist, dass sowohl in der Literatur als auch bei den meisten Pflegern die Kletterfreude der Bartagamen unterschätzt wird. In freier Wildbahn halten sich die Agamen sehr gerne auf erhöhten Stellen auf. Viele Bartagamen-Terrarien sind aber leider für reine Bodenbewohner eingerichtet.

Kräftige Kletteräste werden von den Tieren sehr gerne aufgesucht und dürfen nicht fehlen!

Eine gut strukturierte **Rückwand** erhöht den Bewegungsraum und ist deshalb sehr zu empfehlen.

Abb. 88. Sehr helle *Pogona vitticeps* mit blauen Augenlidern auf ihrem Ast im Terrarium.   Foto: A. Calgua

67

Herstellung einer Rückwand

Neben den recht teuren kommerziell hergestellten Rückwänden können diese sehr einfach und günstig selbst gebaut werden. Eine oft verwendete Methode ist eine Modellage aus Styropor oder Styrodur. Platten aus diesem Material werden in den größten erwerbbaren Maßen besorgt und können mit einer Heißluftpistole und einem Lötkolben gut bearbeitet werden. Einige horizontal befestigte Stücke können Liegeflächen bilden.

Durch die Heißluftpistole wird die Oberfläche geformt und bereits leicht versiegelt und verhärtet. Als Aufstrich benutzt man Fliesenkleber, den man mit Abtönfarbe (z.B. Goldocker oder Rotbraun) im gewünschten Farbton anmischt. Mehrmals aufgetragen bildet er eine robuste Schicht. Wenn gewünscht, kann man eine dünne Schicht Sand auf den noch feuchten Kleber streuen oder Steine festkleben. Man muss darauf achten, dass sich keine scharfkantigen Stellen bilden. Auch mit PU-Bauschaum (Achtung: giftige Gase bei der Verarbeitung!) oder anderen Materialien lassen sich ansprechende Ergebnisse erzielen.

Zur Versiegelung kann statt des Fliesenklebers auch Epoxidharz verwendet werden. Auch Rückwände aus Zier- oder Presskork sind geeignet. Der Presskork ist als Platten mit den Maßen von 100x50 cm erhältlich, recht günstig und optisch ansprechend. Man muss allerdings darauf achten, dass er gepresst und nicht geklebt wurde (wegen möglichen gesundheitsschädlichen Dämpfen).

Abb. 89. Versiegelung der Styropor-Oberfläche.   Foto: K. Grießhammer

Abb. 90. Auf die feuchte Oberfläche wird Sand aufgestreut.   Foto: U. Dreutler

Abb. 91. Es ergeben sich griffige Kletterflächen (hier für *P. vitticeps*).   Foto: G. Köhler

Aufbauten aus echten Steinen sehen optisch schön aus, sind jedoch sehr schwer und können, wenn sie nicht absolut einsturzsicher verbunden wurden, eine Gefahr für die Tiere darstellen.

Auch wenn sie nicht von allen Tieren angenommen werden, sollten sich im Terrarium Höhlen als **Versteck- und Rückzugsplätze** finden. Neben den bereits erwähnten Korkröhren eignen sich zahlreiche Varianten. Damit sich die Tiere wirklich sicher fühlen, sollten die Höhlen nicht zu groß sein.

Einige **Steinaufbauten oder andere Strukturmerkmale** geben den Bartagamen Sichtschutz. Sie dürfen jedoch die Lauffläche der Agamen nicht zu

Abb. 92. Korkröhren eignen sich gut als Rückzugsplätze (*P. mitchelli*). Foto: R. Pesch

Abb. 93. Steine müssen auf dem Terrariengrund aufliegen, damit sie nicht untergraben werden können (*P. vitticeps*). Foto: U. Dost

stark einschränken und müssen direkt auf den Boden gelegt werden, da sie sonst untergraben werden und die Tiere erdrücken können.

Echte **Pflanzen** sehen im Terrarium schön aus und heben die Luftfeuchtigkeit leicht an, sie haben es bei Bartagamen jedoch nicht leicht. Sie werden durch das Gewicht der Tiere gedrückt, angefressen und durch Grabtätigkeiten in Mitleidenschaft gezogen.

Entscheidet man sich für echte Pflanzen, muss man darauf achten, nur derbe und ungiftige Arten zu verwenden, die sich am Besten außerhalb der Reichweite der Tiere befinden.

Wenn man sie in Töpfen ins Terrarium integriert, kann man sie gießen ohne den kompletten Bodengrund zu durchnässen. Man sollte auch einige Steine auf den Topf legen um die Bartagamen davon abzuhalten die Wurzeln auszugraben. Nach einigen Monaten muss man den meisten Pflanzen eine Erholungsphase außerhalb des Terrariums gönnen und sie herausnehmen.

Am leichtesten erhältlich sind sicherlich die bekannten *Yucca*-Palmen und die Dracaena-Arten (*Beaucarnea recurvata, Sansevieria, Crassula argenta, Consolea falcata, Portulacaria afra*). Auch Plastikpflanzen können Verwendung finden. Sie müssen allerdings so robust sein, dass die Bartagamen sie nicht anfressen können und dürfen nicht abfärben.

Trockene Grasbüschel oder interessant geformte Wurzeln erhöhen das natürliche Aussehen der Terrarieneinrichtung.

Abb. 94. Schön eingerichtete Terrarienanlage im Baseler Zoo.   Foto: K. Grießhammer

Flüssigkeitsaufnahme

Als Bewohner trockener Gebiete mussten die Bartagamen Strategien entwickeln, um an Wasser zu gelangen und hiermit sparsam umzugehen. Einen großen Teil der benötigten Flüssigkeit erhalten die Tiere mit ihrer Nahrung. Sie lecken aber auch den morgendlichen Tau und (wenn vorhanden) auch aus anderen Wasseransammlungen. Mit ihren Exkrementen scheiden sie die Harnsäure sehr konzentriert aus und sparen so Flüssigkeit. Im Terrarium muss den Bartagamen ein Napf mit frischem Wasser zur Verfügung gestellt werden.

Abb. 95. Bartagame (*P. vitticeps*) beim Trinken.   Foto: K. Grießhammer

Das Thema Flüssigkeitsaufnahme wird häufig vernachlässigt und so resultiert ein erschreckend großer Teil der Erkrankungen aus chronischem Wassermangel – und das selbst bei Tieren, denen Wasser täglich in Schalen angeboten wird!

Es ist wichtig, dass die Bartagamen über feuchtes Futter und ausreichend getrunkenes Wasser viel Flüssigkeit aufnehmen. Es kommt immer wieder vor, dass die Tiere die stehende Wasserfläche nicht erkennen. Wenn man im Terrarium aber mit Wasser sprüht, lecken die Tiere oftmals und trinken dann auch aus dem Napf. Auch ein kleiner Brunnen, eine Tropftränke, die in die Wasserschale tropft oder eine Luftpumpe mit Sprudelstein, wie sie in der Aquaristik verwendet werden, erleichtert den Tieren das Finden der Wasserstelle. Der Wassernapf darf nur so hoch sein, dass die Agamen, wenn sie am Rand stehen, den Kopf hinein halten können. Idealerweise sollte der Napf so groß sein, dass sich die Agamen komplett hineinlegen können.

Es ist eine oft gemachte Terrarienbeobachtung, dass badende Bartagamen viel Flüssigkeit aufnehmen. Das angebotene Wasser sollte täglich gewechselt werden, je nach Verschmutzungsgrad auch häufiger, denn mit Fäkalien verschmutztes Trinkwasser ist schädlich für die Tiere.

Überprüfen Sie regelmäßig, ob Ihre Tiere genügend Flüssigkeit zu sich nehmen!

Abb. 96. Zur Einrichtung gehören eine Wasserschale und eine Schale mit kleinen Sepia-Bröckchen.   Foto: G. Köhler

Sollten die Bartagamen gar nicht lernen, aus einer Schale zu trinken, muss man sie mindestens jeden zweiten Tag tränken. Hierzu tropft man mit einer Pipette langsam Wasser auf die Schnauze der Agame, bis sie anfängt danach zu lecken (vgl. auch Kapitel Aufzucht, S. 113).

Wenn man die Tiere vorsichtig mit temperiertem Wasser ansprüht, kann manchmal beobachtet werden, dass sie den Kopf absenken, um das den Körper hinablaufende Wasser über die Maulspalten aufzunehmen bzw. aufzulecken (FITZGERALD 1983).

Ernährung

Bartagamen sind sogenannte Lauerjäger. Sie sind nicht wie z. B. Vertreter der Warane einen großen Teil ihres Tages auf der Suche nach Nahrung, sondern warten, bis sich lohnende Beute ihrem Gesichtsfeld nähert. Diese Methode spart Energie und ermöglicht es den Tieren, auf Feinde oder Rivalen zu achten, die sich ihrem Revier nähern.

Bartagamen ernähren sich in ihrer Heimat Australien omnivor, d. h. sie sind potentielle Allesfresser und nehmen sowohl tierisches als auch pflanzliches Futter auf. Das Nahrungsspektrum besteht zum Einen aus Insekten, Gliedertieren, Spinnen, Kleinsäugern, Reptilien und zum Anderen aus Kräutern, Blättern, Gräsern, Samen, Blüten und Früchten. Unter Freilandbedingungen nehmen Jungtiere einen höheren Anteil tierischer Nahrung zu sich, während adulte Bartagamen sich hauptsächlich von pflanzlicher Kost ernähren (MACMILLEN et al. 1989).

Wir können den Bartagamen im Terrarium nicht das breitgefächerte Angebot an Futtersorten bieten, welches sie in der Natur vorfinden, müssen aber die Palette so abwechslungsreich wie möglich gestalten.

Idealerweise erfolgt die Fütterung vormittags. So haben die Bartagamen genügend Zeit zu jagen und zu verdauen.

Abb. 97. Die Fütterung mit Insekten bringt Abwechslung in den Terrarienalltag.   Foto: G. Köhler

Tierische Nahrung

Ausgewachsenen Bartagamen bietet man ungefähr alle zwei Tage Futterinsekten an und nach Möglichkeit täglich pflanzliche Kost. Eine pauschale Angabe über die täglich benötigte Futtermenge zu treffen, ist kaum möglich. Die Tiere sind meist sehr gierig und manch ein Exemplar frisst so große Mengen, dass es sich noch während der Futteraufnahme wieder übergeben muss. In freier Wildbahn fressen Bartagamen soviel sie können, da sie nie "wissen", wann sie die nächste Mahlzeit erwarten können und wie lange sie von ihrem Fettvorrat zehren müssen. Im Terrarium muss man aufpassen, dass man die Tiere nicht überfüttert. Ein bis zwei Fastentage pro Woche können eingelegt werden.

Die Tiere sollten bei ausgewogener und mäßiger Ernährung nicht dick erscheinen.

Lebende Insekten zu halten, anzufüttern und schließlich diese wieder zu verfüttern mag für den Anfänger in der Terraristik ungewohnt sein, aber es ist unabdingbar für die erfolgreiche Haltung! An tierischer Nahrung kön-

Abb. 98. Nur gut genährte Insekten sind gesund. Diese Grillen erhalten ein Gemisch aus Karotten, Löwenzahn, Matzinger Hundeflocken und Korvimin.   Foto: G. Köhler

nen Bartagamen die üblicherweise käuflich erwerbbaren Futterinsekten erhalten, vor allem Heimchen, Grillen, Wanderheuschrecken, Schaben und Zophobas-Larven. Andere Futterinsektenarten sollten nur in geringerem Maße verfüttert werden.

Nachtaktive Futterinsekten können den schlafenden Tieren, gerade den Jungtieren, zur Gefahr werden, wenn sie die Bartagamen nachts anknabbern. Um dieses zu verhindern, versucht man, nicht gefressene Insekten herauszufangen oder legt diesen ein Stück Obst in das Terrarium. Die Jagd auf flinke Insekten ist eine positive Ablenkung im reizarmen Terrarienalltag, und sollte den Tieren gegönnt werden. Eine Fütterung mit der Hand oder von der Pinzette sollte nur zur gezielten Fütterung, beispielsweise von Vitaminen, durchgeführt werden.

Die Möglichkeiten, Futtertiere käuflich zu erwerben oder selbst zu züchten, haben sich in den letzten 15 Jahren deutlich verbessert. So werden heute Heuschrecken, Grillen, diverse Schabenarten, Stabheuschrecken, Schwarzkäferlarven ("Zophobas"), Mehlkäferlarven ("Mehlwürmer") und etliche andere Insekten zum Kauf im Zoohandel angeboten, oder können per Versand abonniert werden. Über die

Futtertierzucht, die einen unabhängig von Engpässen macht und die Qualität sichert, gibt es ausführliche Fachliteratur (FRIEDERICH & VOLLAND 1992, FRYE 2003). Es ist erforderlich, allen Futtertieren gutes und vitaminreiches Futter anzubieten, da sie sonst zu wenig Nährstoffe enthalten.

Futtertiere aus dem Handel muss man unbedingt ein paar Tage lang hochwertig ernähren, da oftmals die letzte Fütterung dieser Insekten Tage zurückliegt. So wird der Verdauungstrakt der Insekten mit Nährstoffen gefüllt (im Englischen als "gutloading" bezeichnet), was den Bartagamen, die die Insekten fressen, zu Gute kommt.

Hierzu eigenen sich Hundeflocken, Fischfutter, Hefeflocken und feuchte Bestandteile wie Obststücke, Gemüse oder Blätter. Alle Futterpflanzen, die für die Bartagamen geeignet sind,

Abb. 99. *P. vitticeps* beim Vertilgen einer Wanderheuschrecke.   Foto: G. Köhler

können auch in der Futterinsektenernährung verwendet werden. Sie müssen natürlich frei von Insektiziden sein! Ein weiteres von den meisten Futterinsekten gut angenommenes und empfehlenswertes Futter ist Kükenaufzuchtfutter. Diese Pellets werden mit Wasser vermengt, bis sie eine leichte Sämigkeit erreicht haben und werden in kleinen Schalen an die Insekten verfüttert. Mittlerweile bietet auch die Industrie zahlreiche Varianten von Nährlösungen für Futterinsekten an.

Die erhältlichen **Grillen- und Heimchenarten** (Grylloidea) eignen sich in ihren unterschiedlichen Wachstumsstufen insbesondere für die Aufzucht von Jungtieren und die kleineren Bartagamenarten, aber auch für die großen Arten stellen sie die beliebtesten und geeignetsten Futtertiere dar. Sie können bei ausreichenden Versteckplätzen und hochwertigem Futter gut gehalten und leicht vermehrt werden. Sie sind jedoch stets fluchtbereit und versuchen sich sofort im Terrarium zu verstecken. Entkommene Exemplare können aufgrund ihrer Zirpgeräusche oder sogar durch Vermehrung in der Wohnung zum Problem werden.

Die bis zu 5 cm großen **Schwarzkäferlarven**, *Zophobas morior,* können gut in einer kleinen Schale verfüt-

tert werden und sind im Gegensatz zu Mehlwürmern ernährungsphysiologisch besser geeignet. Sie lassen sich bis zu mehreren Monaten z. B. in Heimtierstreu, Torf oder Sand halten und problemlos anfüttern. Die Schwarzkäferlarven verfüttert man am besten direkt nach der Häutung, wenn ihr Chitinpanzer noch weich ist. Die Käfer, die bis 3,5 cm messen und eine übelriechende Substanz absondern können, werden nicht immer gerne gefressen.

Wanderheuschrecken werden von den Bartagamen ebenfalls sehr gerne angenommen. Sie werden zum Anfüttern und zur Aufbewahrung in kleinen beleuchteten und beheizten Terrarien oder Gazekäfigen gehalten. Wanderheuschrecken stellen in der Wohnung keine Schädlinge dar, da sie sich aufgrund der fehlenden Nahrungsgrundlage nicht vermehren können. Sie zeichnen sich durch ihr lebhaftes Fluchtverhalten aus, mit dem sie ein beliebtes Jagdziel sind. Weitere Vorteile sind ihre Tagaktivität und ein hoher Nähwert.

Es werden auch verschiedene **Schabenarten** für die Reptilienernährung angeboten. In einem leicht angewärmten Behältnis mit vielen Verstecken können sie gut gehalten werden. Im Gegensatz zu den bei uns vorkommenden Arten, sind die im Handel angebotenen Arten meist größer und behäbiger in ihrem Wesen. Dennoch muss darauf geachtet werden, dass sie nicht entkommen können! Bei uns vorkommende, gefangene Arten dürfen nicht verfüttert werden, da diese oft mit Insektiziden belastet sind und außerdem in der Wohnung zur Plage werden können.

Trotz der einfachen Verfügbarkeit und des günstigen Preises sollte die Verfütterung von "**Mehlwürmern**"

vermieden werden, da diese sehr fettreich sind, ein ungünstiges Kalzium-Phosphor-Verhältnis und eine harte, schwer verdauliche Chitinhülle besitzen, die zu Verstopfungen führen kann. Frisch gehäutet, im Larvenstadium und als Käfer können sie gelegentlich als Abwechslung angeboten werden. Will man die Mehlwürmer für längere Zeit halten, stellt man sie in den Kühlschrank, da sie sich sonst rasch verpuppen. Nimmt man sie aus dem Kühlschrank und hält sie leicht warm, kann man bald eine große Menge frischgehäuteter Tiere verfüttern. Warm gehalten und gut angefüttert, verpuppen sich die Larven bald und nach etlichen Tagen wandeln sie sich zu Käfern um, die gerne gefressen werden.

Viele Bartagamen entwickeln eine Vorliebe für **Wachsmottenlarven**. Auch die fertig entwickelten Motten werden gerne gefressen. Allerdings sind Wachsmotten sehr fett und sollten nur gelegentlich verfüttert werden. Die Raupen werden in einem speziellen Nährsubstrat gehältert. Sie sollten nur gelegentlich als Leckerei oder an unterernährte Bartagamen verfüttert werden. Gerade Nahrungsverweigerer lassen sich mit Wachsmottenlarven wieder zum Fressen bewegen.

Abb. 100. Mehlwürmer sollten nur selten verfüttert werden.   Foto: G. Köhler

Bartagamen sollen nur äußerst selten, z.B. während der Trächtigkeit oder nach zehrenden Krankheiten, zusätzlich mit einer kleinen nestjungen Maus, Ratte oder wenig mageren Fleischstreifen von Rinderherz oder Putensteak gefüttert werden, da sonst die Gefahr einer Fettleber und Nierengicht besteht. Man darf Futtertiere nie unnötig leiden lassen und muss diese bis zu ihrer Verfütterung artgerecht halten. Nager dürfen nur tot verfüttert werden.

Im Sommer bietet sich zur Fütterung das sogenannte Wiesenplankton an. Die meisten bei uns freilebenden und weder giftigen noch geschützten Insekten eignen sich für die Ernährung der Bartagamen. Gelegentlich werden auch Gehäuseschnecken angenommen. Der Terrarianer muss jedoch abwägen zwischen hervorragenden Futtertieren und der Gefahr, insektizidbelastete Insekten zu verfüttern. So

werden Insekten grundsätzlich nicht von potentiell belasteten Wiesen, Feldern oder vergleichbaren Grünflächen abgesammelt.

Es sind noch zahlreiche andere Futterinsektenarten erhältlich. Man sollte sich vor der Verfütterung allerdings informieren, in wie weit diese für Bartagamen geeignet sind.

Vegetarische Nahrung

Die Palette möglicher **pflanzlicher Futtermittel** für Bartagamen ist groß. Es eignen sich die unterschiedlichsten frischen und getrockneten Sprossen, Blätter, Blüten und Früchte. So werden die Tiere mit Feuchtigkeit, Ballaststoffen, Vitaminen und anderen Nährstoffen versorgt. Auch im Terrarium sollte der Anteil der pflanzlichen Nahrung mindestens 50% bei erwachsenen Bartagamen und 30% bei Jungtieren betragen. Abhängig von Alter, Art und individuellen Vorlieben der Bartagamen, aber auch saisonal kann das Interesse der Tiere an vegetarischem Futter variieren.

Ein wichtiges Kriterium bei der Auswahl geeigneter Futterpflanzen stellt das Kalzium:Phosphor-Verhältnis dar. Der Kalziumanteil sollte

Abb. 101. Vegetarisches Futter wird gerne angenommen.   Foto: G. Köhler

77

Inhaltsstoffe einiger Lebensmittel

Lebensmittel	Eiweiß g/100g	Fett g/100g	Kohlenhydrate g/100g	Calcium mg/100g	Phosphor mg/100g	Ca:P
Gemüse:						
Aubergine	1,2	0,2	4,9	12	20	1,0:1,7
Brunnenkresse	0,1	0,0	0,2	9	3	3,0:1,0
Endivien	1,8	0,2	2,6	68	54	1,3:1,0
Feldsalat	1,8	0,4	2,4	32	50	1,0:1,6
Grünkohl	4,3	0,9	5,4	230	180	1,3:1,0
Gurke	0,6	0,2	3,1	15	23	1,0:1,5
Kopfsalat	1,4	0,2	2,6	38	32	1,2:1,0
Löwenzahn	2,6	0,6	9,2	174	70	2,5:1,0
Karotten	1,1	0,2	8,8	37	36	1,0:1,0
Paprika	1,2	0,3	5,1	10	26	1,0:2,5
Spinat	2,5	0,3	2,9	252	102	2,5:1,0
Tomate	1,0	0,2	2,9	13	27	1,0:1,2
Zuccini	1,6	0,4	3,3	30	25	1,2:1,0
Obst:						
Apfel	0,2	0,6	13,9	7	10	1,0:1,4
Aprikose	1,0	0,2	12,3	17	11	1,5:1,0
Banane	1,1	0,2	21,8	8	27	1,0:3,4
Birne	0,6	0,4	13,0	10	14	1,0:1,4
Brombeere	1,2	1,0	12,3	44	30	1,5:1,0
Erdbeere	0,8	0,5	8,3	24	25	1,0:1,1
Himbeere	1,3	0,4	10,3	40	44	1,0:1,1
Honigmelone	0,6	0,1	13,4	6	21	1,0:3,5
Kirschen	1,1	0,4	14,7	20	20	1,0:1,0
Kiwi	0,9	0,6	12,5	40	31	1,3:1,0
Papaya	0,6	0,1	3,5	23	15	1,5:1,0
Pfirsich	0,7	0,1	10,1	8	21	1,0:2,7
Pflaume	0,6	0,1	13,7	14	18	1,0:1,3
Weintraube	0,7	0,3	18,1	15	20	1,0:1,3
Tierische Kost:						
Grillen				340	859	1,0:2,5
Mehlwürmer	20,8	12,0	1,7	30	270	1,0:9,0
Maus (adult) *	19,9	8,8		840	610	1,4:1,0

*Achtung: Mäuse dürfen nur in Ausnahmefällen gefüttert werden: trächtige Weibchen (maximal 1 Maus pro Woche)

immer überwiegen (vgl. Tabelle S. 78). Je größer die Auswahl der angebotenen Pflanzen, desto eher nehmen die Tiere das Futter an und desto besser können negative Eigenschaften einzelner Bestandteile ausgeglichen werden.

Von Frühling bis Herbst bietet sich die Verfütterung von Löwenzahnblättern und Blüten an, da diese überall leicht erhältlich sind und gute Nährwerte besitzen, aber auch zahlreiche andere Wild- und Gartenkräuter werden gerne gefressen. Vogelmiere, Wegerich, Taubnessel, Klee, Gänseblümchen, Weinlaub und Hirtentäschel sind nur eine kleine Auswahl der geeigneten wildwachsenden Futterpflanzen. Mit einem Bestimmungsbuch lassen sich noch zahlreiche andere Arten finden und nach ihrem Nährwert beziehungsweise auch Giftigkeit beurteilen.

Es muss selbstverständlich sein, dass keine geschützten Pflanzen verfüttert werden und nur in unbelasteten Gebieten fernab von Feldern, Straßen und Industriegebieten Pflanzen gepflückt werden.

Abb. 102. Eine abwechslungsreiche Ernährung ist sehr wichtig (*P. vitticeps* beim Fressen von Klee). Foto: U. Dost

Wer auf den Supermarkt angewiesen ist, findet auch hier eine reiche Auswahl. Die meisten Blattsalate sind wenig gehaltvoll, aber Feld-, Ruccola- und Endiviensalat können gerade in den Wintermonaten eine Basis bilden. Geraspelte Karotten (vorher schälen) helfen bei der Betacarotinversorgung und auch Stücke oder Blätter von Fenchel, Sellerie, Kohl, Chicoree werden meist angenommen. Kohl (enthält Senfölglykoside) sollte jedoch wegen seiner möglicherweise kropffördernden Wirkung nur ab und zu angeboten werden.

Obst hat oftmals ein ungünstiges Kalzium: Phosphor-Verhältnis, aber andererseits viele Vitamine. Es sollte nur ab und zu in kleinen Mengen verfüttert werden. Man kann nahezu

Abb. 103. Frischfutter (hier Löwenzahn) im Freilandterrarium ist sehr gesund (*P. henry-lawsoni*).   Foto: G. Köhler

auf der Packungsrückseite oder mittels spezieller Anzuchtvorrichtungen in großer Zahl zum Keimen gebracht werden.

Neben den erhältlichen frischen Salaten und Kräutern, kann man im Winter zusätzlich gefrorenes Kleingemüse, Obst und Kräuter aus der Tiefkühltheke anbieten. Selbstredend muss dieses vor der Verfütterung aufgetaut sein. Bartagamen fressen bevorzugt tierische Nahrung, weshalb bei jeder Fütterung entweder Pflanzliches oder Tierisches angeboten werden sollte, nicht beides gleichzeitig.

> Bartagamen, die als Jungtiere nicht pflanzlich ernährt wurden, sind als Adulttiere kaum noch umzugewöhnen.

alle Früchte entkernt und in kleinen Scheiben oder Stücken verfüttern. So machen sich die Bartagamen zum Teil sehr gierig über Apfel, Birne, Himbeeren, Brombeeren, Johannisbeeren, Kirschen, Trauben, Melonen und die meisten anderen verfügbaren Früchte her.

Alle Pflanzenteile sollten in kleine Stücke geschnitten oder geraspelt werden, da sie dann besser gefressen werden können.

In den Wintermonaten ist eine abwechslungsreiche vegetarische Ernährung oft schwierig. Frische Keimlinge sind ein hervorragendes Futter, das leicht selbst hergestellt werden kann. Die Samen sind üblicherweise in allen Baumärkten erhältlich und können gemäß den Angaben

Man sollte pflanzlichen Nahrungsverweigerern immer wieder Pflanzliches anbieten und kann versuchen, sie zu überlisten, indem man den Tieren beim Fressen großer Insekten beispielsweise Fruchtstücke ins Maul schiebt und sie so an den Geschmack gewöhnt. Für die Schildkrötenernährung werden getrocknete Wiesenkräuter angeboten, die ständig im Bartagamenterrarium angeboten werden können und die von vielen Tieren gerne gefressen werden. Auch verschiedene für die Babyernährung produzierte Fruchtbreie werden gelegentlich gefressen. Eine rein vegetarische Ernährung beispielsweise mit Tofu als Eiweißlieferant wurde von einigen Haltern versucht, führte aber zu einer deutlich reduzierten Lebenserwartung und ist deshalb abzulehnen.

Bartagamen fressen immer wieder unterschiedliche Mengen Futter. Während sie an manchen Tagen scheinbar nicht genug bekommen können, lehnen sie an anderen Tagen jegliche Futteraufnahme ab. Wenn kein pathologischer Grund für dieses Verhalten vorliegt, ist es als völlig normal einzustufen und es sind keine weiteren Maßnahmen durchzuführen.

Gelegentlich kann es vorkommen, dass einige Exemplare nur noch eine bestimmte Futterart annehmen. Dann bietet man ihnen dieses Futter nur noch in geringem Maße zusammen mit einer Variation anderer an. Auch einige Tage Nulldiät können ihre Wirkung tun.

Auf die Verfütterung von gewürzten oder zuckerhaltigen Lebensmitteln wird gänzlich verzichtet, da sie erhebliche Probleme verursachen können.

Mittlerweile gibt es im Fachhandel verschiedene Formen von industriell hergestelltem Bartagamenfutter, die als Allein- oder Zusatzfutter angeboten werden. So findet man trockene Pellets, Feuchtfutter und sogar in Dosen eingemachte Insekten. Der Nährwert dieser Futtermittel ist fraglich und die Verfütterung sollte – wenn überhaupt – nur in Ausnahmefällen erfolgen. Hunde- und Katzenfutter sind für die Bartagamenernährung nicht geeignet. Ein sehr großer Teil der nicht-traumatischen Erkrankungen bei Bartagamen sind auf Fehler bei der Ernährung zurückzuführen! Es ist also wichtig, sehr genau darauf zu achten, was man seinen Schützlingen anbietet.

Vitamine und Mineralstoffe

Um den veränderten Lebensbedingungen in der Terrarienhaltung Rechnung zu tragen, müssen die Bartagamen zusätzlich mit Vitaminen und Mineralstoffen versorgt werden. Besonders in der Aufzucht äußert sich ein Mangel rasch in Form von Deformationen, Lähmungen oder Zitterkrämpfen und kann, wenn er zu spät erkannt wird, zum Tod des Tieres führen. Ebenso wie ein Mangel an Vitaminen (Hypovitaminose), kann auch ein Zuviel (Hypervitaminose) zu pathologischen Veränderungen führen.

Abb. 104. Futterzusätze für Bartagamen, wie sie im Frankfurter Exotarium verwendet werden. Foto: G. Köhler

81

Es ist also auf eine mäßige, aber ausreichende Versorgung zu achten. Es hat sich bewährt, alle Futtertiere unmittelbar vor dem Verfüttern mit einem Vitamin-Mineralstoff-Präparat einzustäuben. Auch über den vegetarischen Teil kann man die Futterzusätze sehr gut verabreichen. Ein seit Jahren erfolgreich verwendetes Präparat ist Korvimin ZVT (bzw. ZVT+Reptil), dass über den Tierarzt zu beziehen ist, aber auch andere Produkte mit ähnlicher Zusammensetzung (z.B. Davinova) sind geeignet.

Abb. 105. Mit einem Futtertier lassen sich Vitamine leicht verabreichen.   Foto: E. Köhler

Zusätzlich sollte ein Multivitaminpräparat in flüssiger Form als Futterzusatz verabreicht werden. Die früher viel verwendete Emulsion Multi-Mulsin N wird leider nicht mehr angeboten. Multi-Bioweyxin (in Kombination mit einem Vitamin-D_3-Konzentrat) oder Vitacombex V sind ebenfalls hochwertige Vitaminpräparate. Vitamine zersetzen sich bei hohen Temperaturen, es ist deshalb empfehlenswert, diese Präparate im Kühlschrank aufzubewahren.

Die Gabe von Vitamin D_3 in Verbindung mit Kalzium ist bei der Haltung im Zimmerterrarium überlebenswichtig und ist Bestandteil der meisten Vitaminpräparate. Da eine Überdosierung des fettlöslichen Stoffes jedoch schädlich für die Tiere ist, sollte man sich an einem wöchentlichen Richtwert von 50-100 I. E. D_3/kg Körpergewicht (KÖHLER 2001) orientieren. Dieser Wert wurde zwar für Leguane ermittelt, uns sind aber keine Untersuchungen über optimale Vitamin D_3-Dosierungen bei Bartagamen bekannt und die oben angegebene Menge hat sich bewährt. Um den intensiven (und für die Tiere meist unangenehmen!) Geschmack der Vitaminpräparate zu verdecken, kann man diese z.B. in einen Bananenbrei mischen. Damit die Tiere diesen Brei annehmen, sollte man an einem Tag pro Woche nur diesen **Vitaminbrei** anbieten. Pro 1 ml Vitacombex V sind nach Herstellerangaben 80 I.E. Vitamin D_3 enthalten. Da 1 ml des Präparates etwa 20 Tropfen entspricht, enthält ein Tropfen ca. 4 I.E. Vitamin D_3.

Berechnung der Präparatmenge
$\dfrac{\text{Gewicht des Tieres in kg} \quad \times \quad \text{empfohlene wöchentliche Dosis Vitamin D}_3}{\text{I.E. Vitamin D}_3 \text{ im Präparat pro Tropfen}}$
= Anzahl der Tropfen des Präparats pro Woche
Beispiel (pro Tier!): $\dfrac{0{,}1 \text{ kg} \times 50 \text{ I.E. D}_3}{4 \text{ I.E. D}_3}$ = 1,25 Tropfen ~ 1 Tropfen wöcher

Abb. 106. Vegetarisches Futter sollte immer kleingeschnitten und gut durchmischt angeboten werden.   Foto: G. Köhler

Kalzium wird zusätzlich in Form von zerbröselter Sepiaschale, Taubengrit oder kleinen Muschel- und Schneckenhausstückchen ständig im Terrarium angeboten.

Jungtiere und trächtige Bartagamen haben einen erhöhten Bedarf und müssen immer Zugang zu einer Kalziumquelle haben. Es sind zahlreiche Fälle bekannt, in denen Reptilien mit Mineralstoffmangel so große Mengen Bodensubstrat fraßen, dass sie an Verstopfung eingingen. Einige Bartagamenpfleger verzichten aus Angst davor zum Teil völlig auf ein Bodensubstrat. Dieses ist nicht im Sinne der Tiere. Wenn sie ausreichend versorgt werden, sollte dieses Phänomen nicht auftreten. Das gelegentliche Fressen kleiner Mengen von Steinchen, Sand oder Erde stellt kein Problem dar. Im Gegenteil, ein wenig Gartenerde im Terrarium kann den Bartagamen die Besiedelung der Darmflora mit nützlichen Mikroorganismen erleichtern.

Abwechslungsreiche Ernährung, regelmäßiges Einstäuben des Futters mit speziellen Vitamin-Mineralstoff-Präparaten in der richtigen Dosierung, sowie das ständige Anbieten von zerbröselter Sepiaschale (o.ä., siehe oben) ist im Terrarium meistens ausreichend.

Wochenspeiseplan für Bartagamen

Beispiel:

Montag:	gemischter Gemüse- und Obstteller
Dienstag:	gemischter Gemüse- und Obstteller, Insekten
Mittwoch:	Insekten
Donnerstag:	Fastentag
Freitag:	Vitaminbrei
Samstag:	gemischter Gemüse- und Obstteller,
Sonntag:	gemischter Gemüse- teller, Insekten

Vergesellschaftung

Bartagamen leben in ihrem Habitat überwiegend solitär und kommen nur zur Paarungszeit zusammen. So sollten sie auch im Terrarium nach Möglichkeit einzeln gehalten werden. Abhängig vom Verhalten der Tiere ist die Paarhaltung jedoch meist problemlos. In den Großanlagen amerikanischer Züchter haben sich Gruppen mit zwei Männchen und vier Weibchen für *Pogona vitticeps* nach kommerziellen Überlegungen als effizient und praktikabel erwiesen (VOSJOLI et al. 2001).

> Im Zimmerterrarium sollten jedoch nie mehrere männliche Tiere zusammen gehalten werden. Aber auch Weibchen oder Pärchen können sich im Extremfall bis zum Tode stressen. Hierzu reicht unter Umständen sogar der visuelle Kontakt bei Tieren, die in gegenüberliegenden Terrarien leben!

Sollten sich Bartagamen häufig verstecken, dunkel gefärbt sein, wenig fressen und sich überwiegend inaktiv verhalten, kann es sein, dass es sich hierbei um unterdrückte Tiere in der Gruppe handelt. Diese müssen dann getrennt werden. Viele Terrarianer, die sich schon jahrelang mit Bartagamen beschäftigt haben, plädieren für die Einzelhaltung. Nur zur Paarungszeit sollten die Bartagamen zusammen in einem Terrarium gepflegt werden. Entscheidet man sich für die Paar- oder Gruppenhaltung, muss man bedenken, dass der Partner-Stress die Lebenserwartung, vor allem der weiblichen Tiere, verkürzen kann. Die langjährige Paarhaltung hat sich hauptsächlich bei *Pogona vitticeps* und *Pogona henrylawsoni* bewährt, alle anderen Arten zeigten sich in der innerartlichen Vergesellschaftung empfindlicher. An dieser Stelle sei noch einmal erwähnt, dass man keine Pärchen miteinander verwandter Tiere, z.B. Tiere aus einem Gelege, zusammen pflegen sollte, um Inzuchten zu vermeiden. Bei der Paar- oder Gruppenhaltung müssen durch gestalterische Maßnahmen im Terrarium Strukturierungen geschaffen werden, die den Tieren die Möglichkeit geben, sich aus dem Weg zu gehen.

Abb. 107. Eine paarweise Haltung (hier *P. vitticeps*) ist möglich.   Foto: G. Köhler

Die zusammen in einem Terrarium gepflegten Tiere müssen unbedingt die gleiche Größe haben, da kleinere Bartagamen sonst unter einem hohen psychischen Druck stehen können, oder gar als Beutetiere angesehen werden.

Abb. 108. Bartagame (*P. vitticeps*) und Kragenechse im Terrarium.
Foto: K. Grießhammer

Möchte man zu seinen Bartagamen ein weiteres Exemplar setzen, ist es empfehlenswert, nach der Quarantäne das Terrarium neu einzurichten und zuerst das neue Tier einzusetzen, um ihm bei der Revierbildung bessere Chancen zu bieten. Ein in der Terraristik kontrovers diskutiertes Thema ist die Vergesellschaftung verschiedener Arten. Verschiedene Arten oder Unterarten von Bartagamen dürfen prinzipiell nicht gemeinsam in einem Terrarium gehalten werden, um eine Bastardierung zu verhindern.

Vergesellschaftungen mit Echsen anderer Gattungen sind aus unserer Sicht nicht empfehlenswert, können aber durchaus funktionieren. So sind langjährige Vergesellschaftungen mit Kragenechsen (*Chlamydosaurus kingii*), Großskinken (*Tiliqua* sp.), Dornschwanzagamen (*Uromastyx* sp.), Schildechsen (*Gerrhosaurus* sp.) und sogar Jemenchamaeleons (*Chamaeleo calyptratus*) bekannt geworden (eigene Erfahrungen, A. CALGUA pers. Mitt.). Es gibt hier jedoch ganz individuelle Unterschiede. Während bei manchen Pflegern oder Zoos die Zusammenstellungen über viele Jahre problemlos möglich sind, führen sie bei anderen zu Beißereien, unterdrückten Tieren und einer Einstellung der Zuchtaktivität. Hier sind Erfahrung und Einfühlungsvermögen des Pflegers sowie besonders große Terrarien nötig.

Man muss sich natürlich auch mit den anderen Arten und ihren Besonderheiten auskennen. So benötigen Kragenechsen beispielsweise eine "feuchte Regenperiode", die den Bartagamen schaden kann; Warane und Skinke können sich im Fresseifer in den Agamen verbeißen und sogar Stücke oder Extremitäten herausbeißen! Aber die Gefahr geht nicht nur von den Mitbewohnern aus. Bartagamen sind ebenso gefräßige wie dominante Gesellen, die ihrerseits sogar recht große andere Echsen überwältigen können. So beschreibt HAUSCHILD (2000b) wie eine Bartagame eine 18 cm große Kragenechse gefressen hat. Uns sind Unfälle mit Halsbandleguanen (*Crotaphytus* sp.),

Abb. 109. Im Frankfurter Exotarium werden Bartagamen (*P. vitticeps*) erfolgreich mit Tannen-zapfenechsen zusammen gehalten.   Foto: G. Köhler

Siedleragamen (*Agama agama*), Berberskinken (*Eumeces schneideri*) und zahlreichen anderen Arten bekannt. Die Vergesellschaftung mit anderen Arten kann also funktionieren, wenn das Terrarium ausreichend groß dimensioniert ist, die Tiere ähnliche Temperaturansprüche haben und sich die einzelnen Individuen nicht gegenseitig stören. Je eher sie sich aus dem Weg gehen können und gleichwertige Sonnen- und Ruheplätze haben, desto besser.

Mit Schlangen dürfen Bartagamen grundsätzlich nicht zusammen gehalten werden, da diese – abgesehen von einer tatsächlichen Gefährdung –

Panikreaktionen auslösen. Schildkröten können klinisch gesunde Dauerausscheider von Flagellaten und *Entamoeba invadens* sein, Erreger, die bei den Echsen innerhalb kurzer Zeit zum Tode führen können (KÖHLER 1992).

Entscheidet man sich für die Haltung eines einzelnen Tieres, sollte man ein Männchen wählen, da Weibchen ohne vorherige Verpaarung unbefruchtete Eier bilden können. Da eine Trächtigkeit dann für den Pfleger meist überraschend kommt, können mangelhafte Haltungsparameter im schlimmsten Fall zu einer lebensgefährlichen Legenot führen.

Freilandaufenthalt

Bartagamen sind große Sonnenanbeter, weshalb man ihnen in den warmen Sommermonaten den Luxus des Freilandaufenthaltes gönnen sollte.

Selbst die teuersten Beleuchtungssysteme können das natürliche Sonnenlicht nicht ersetzen. Eine große Lichtintensität, UV-Bestrahlung, aber auch die vielen ungewohnten Reize, wie Bewegungen und Gerüche im Freilandterrarium sind dem Wohlbefinden und der Gesundheit der Agamen sehr zuträglich. Wann immer es die Witterung zulässt, kann man seine Tiere nach draußen nehmen.

Wer einen eigenen Garten oder Balkon besitzt, kann sich überlegen, ob er hier nicht eine dauerhafte Anlage einrichten möchte. Sie sollte möglichst groß sein, den Tieren Plätze zum Sonnen und Schattenplätze bieten. Auch Stellen, an denen sie graben können, sollten vorhanden sein. Zumindest ein Teil des Außenterrariums muss auch regensicher sein. Die Umfriedung muss stabil und hoch genug sein und darf nicht untergrabbar sein. An den wärmsten Tagen des Jahres kann man sie ganztägig draußen halten, wenn die Temperaturen es zulassen (vgl. Kapitel Thermoregulation, S. 40) sogar nachts. Mit einem Thermostat, Spotstrahlern und Heizmatten kann man den Tieren auch an bewölkten Tagen einen längeren Außenaufenthalt ermöglichen.

Glasterrarien dürfen für den Freilandaufenthalt nicht genutzt werden, da sich deren Innenraum innerhalb kürzester Zeit auf lebensbedrohliche Temperaturen aufheizen kann. In den meisten Fällen wird nur ein stundenweiser Außenaufenthalt möglich sein. Große Hasenkäfige, Gitterkonstruktionen o. ä. können hier Verwendung finden. In einer sicheren Umgebung kann man die Agamen unter Aufsicht auch frei herum laufen lassen – man darf aber nie die Geschwindigkeit unterschätzen mit der die sonst eher ruhigen Agamen plötzlich davon spurten können. Bei den Dreharbeiten zum Video "Bartagamen im Terrarium" sind einige Exemplare bei Außendrehs kurze Strecken bipedal, nur auf den Hinterbeinen davon gespurtet (ähnlich wie es bei Kragenechsen bekannt ist). Die Tiere wieder einzufangen,

Abb. 110. Freilandterrarium für Bartagamen.
Foto: U. Dreutler

gelang nur durch sportliche Sprints unsererseits. Leinen und auch als "speziell für Reptilien" angebotene Geschirre sind für die Bartagamen wie für alle anderen Reptilienarten völlig ungeeignet und als Tierquälerei anzusehen.

Bereits nach kurzem Außenaufenthalt verbessern sich die Körperfärbung, die Agilität und die Aufmerksamkeit der Tiere. Einige Bartagamen nehmen im Freilandterrarium wieder so natürliche Verhaltensweisen an, dass sie sich bei Störung rasch verstecken oder den Bart aufstellen und drohen. Dieses ist völlig normal und nach einigen Tagen im Zimmerterrarium nehmen sie auch

Grundregeln für eine Außenanlage

✓ Die Außenanlage muss völlig ausbruchsicher sein!

✓ Die Bartagamen müssen die Möglichkeit haben, in kühle, schattige Bereiche auszuweichen!

✓ Es muss frisches Wasser zur Verfügung stehen!

✓ Die Bartagamen müssen vor Beutegreifern (Krähen, Katzen, Ratten etc.) geschützt werden!

✓ Die Bartagamen müssen vor plötzlich eintretenden Wetterumschwüngen geschützt werden!

✓ Die Tiere müssen vor Zug und hoher Feuchtigkeit geschützt werden!

Abb. 111. In diesem kleinen Behältnis für Jungtiere ist das Sonnetanken wegen Überhitzungsgefahr nur stundenweise möglich.
Foto: U. Dost

wieder ihr bekanntes Wesen an. Einige Tiere, die den Aufenthalt im Außenterrarium nicht gewöhnt sind, verhalten sich draußen sehr nervös und ängstlich. Nach unserer Erfahrung ist es dann sinnvoll, eine ausreichend große Höhle in die Anlage zu integrieren. Die Tiere können sich dann verstecken und meist trauen sie sich nach einigen Tagen Stück für Stück immer weiter aus der Höhle heraus. Längere Transportwege zum Außenterrarium, große Menschenmengen, z.B. in Parks und ständig veränderte Situationen sind ein schädlicher Stress für die Bartagamen und müssen vermieden werden.

Zimmeraufenthalt

Während das Terrarium nach den Bedürfnissen der Bartagamen eingerichtet ist, lauern in der Wohnung zahlreiche Gefahren. Sie können aus großer Höhe fallen, Zugluft abbekommen, sich in enge Spalten drücken, giftige Zimmerpflanzen fressen, beim Prüfen mit der Zunge Haare aufnehmen, die die Verdauung beeinträchtigen oder sogar die Luftröhre lebensgefährlich umschnüren, sich mit zahlreichen Bakterien und Keimen infizieren, in Kontakt mit elektrischem Strom geraten oder von größeren Haustieren bedroht werden, ... Die Liste ließe sich beliebig erweitern. Dennoch lassen viele Pfleger ihre Tiere Ausflüge durch die Wohnung unternehmen. Auch nach Reduzierung der offensichtlichen Gefahrenquellen dürfen diese Ausflüge nur von kurzer Dauer sein und müssen immer überwacht werden. Wirklich stubenrein werden Bartagamen nicht und wer die Befürchtung hat, dass die Tiere ihr "Geschäft" auf dem Teppich hinterlassen, sollte sie erst herauslassen, wenn sie bereits abgekotet haben.

Interessant sind die Beobachtungen zahlreicher Pfleger, dass ihre Tiere erst außerhalb des Terrariums ihr volles Repertoire an innerartlicher Kommunikation präsentieren und sich sogar bevorzugt dann paaren. Eine mögliche Erklärung für dieses Verhalten sind zu kleine oder schlecht strukturierte Terrarien. Es sei an dieser Stelle noch einmal darauf hingewiesen, dass Bartagamen keine Kuscheltiere sind! Die Tiere aus dem Terrarium zu holen, um sie ausgiebig zu streicheln, ist nicht im Sinne einer artgerechten Tierhaltung.

Abb. 112. Ein Aufenthalt in der Wohnung sollte nur kurzzeitig und unter Aufsicht gestattet werden.   Foto: A. Calgua

Hygiene– und Pflegemaßnahmen

Säuberung des Terrariums

Bartagamen haben keinen wahrnehmbaren Körpergeruch. Da sie aber viel fressen, geben sie auch entsprechend große Mengen an Kot ab – und dieser hat durchaus einen Eigengeruch! Im trocken-heißen Terrarium trocknen Kot und Urin jedoch recht schnell ein und sollten mit einem großen Löffel oder ähnlichem zusammen mit dem direkt umliegenden Sand entfernt werden. Wenn die Absonderungen täglich entfernt werden, wird sich selbst in Wohnräumen keine besondere Geruchsbelästigung ergeben. Bei starker Verschmutzung muss der Bodengrund ausgewechselt werden; mindestens aber einmal jährlich. Auch die Einrichtungsgegenstände sind regelmäßig (ca. einmal pro Monat) mit einer Bürste und heißem Wasser von Kot und Urinresten zu reinigen.

Auch die Futterreste ebenso wie nicht gefressene Insekten sind täglich aus dem Terrarium zu entfernen (möglichst ohne die Bartagamen zu stören). Die Futterschüssel und die Wasserschüssel werden täglich mit heißem Wasser ausgewaschen und die Wasserschüssel wird mit frischem Wasser befüllt.

Nach jedem Umgang mit den Tieren sowie nach dem Hantieren im Terrarium sollte man sich umgehend die Hände gründlich waschen!

Die Häutung

Die Epidermis, die äußere Schicht der Oberhaut, wird ständig durch Umweltreize und Alterungsprozesse beschädigt und muss sich dem Körperwachstum anpassen. So müssen immer wieder neue Hautzellen herangebildet werden. Die äußerste Hautschicht stellt eine Hornschicht aus toten Zellen dar, die regelmäßig erneuert werden muss. Während wir Menschen uns unserer Hautreste kontinuierlich in kleinen Schüppchen entledigen, häuten sich Bartagamen – wie alle Echsen – immer in großen Stücken. Vorübergehend liegt dann über der neuen Haut die alte und gibt den Agamen eine milchig bzw. stumpf erscheinende Oberfläche. Durch die entstehende Spannung platzt die alte Haut zuerst am Kopf auf, reißt immer weiter ein und wird schließlich in Fetzen abgeworfen.

Die Bartagamen unterstützen die Häutung, indem sie sich an rauhen Oberflächen reiben oder verstärkt in feuchtere Bereiche zurückziehen.

Oft fressen die Tiere ihre abgestreifte Haut auf. Dieses bezeichnet man als Keratophagie. Durch die Keratophagie verlieren die Echsen möglichst wenig Mineralstoffe. Viele Bartagamen lassen die Haut im Terrarium aber auch einfach liegen. Bei Jungtieren und seltener bei Adulten kann man gelegentlich beobachten, dass sie die sich ablösende Haut bei anderen Artgenossen abziehen und fressen. Im Normalfall ist die Häutung ein Vorgang, bei dem die Echsen keine Hilfe benötigen, sie sollten lediglich keinem besonderen Stress ausgesetzt werden.

Abb. 114. Bei "Angus" sind kleine Häutungsreste zurückgeblieben.   Foto: K. Affonce

Abb. 113. Nach jeder Häutung sollte auch der Schwanz bezüglich Häutungsresten kontrolliert werden.   Foto: R.D. Bartlett

Es kommt jedoch vor, dass sich **Häutungsreste** nicht lösen. Diese können besonders im Bereich der Extremitäten (Zehen, Schwanzspitze) zu Einschnürungen führen, wodurch die Blutzirkulation derart eingeschränkt wird, dass Gewebe abstirbt. Nach erfolgter Häutung wirft man einen genauen Blick auf den Schwanz, die Zehen, Beine und einzelnen Stachelschuppen. Der Pfleger sollte aber nicht übereilt jeden Rest abzupfen. Meist ist der Häutungsprozess einfach noch nicht vollständig abge-

schlossen. Wenn sich die alte Haut auch nach einigen Tagen noch nicht vollständig gelöst hat, kann man den Vorgang mit Vaselinesalbe unterstützen und schließlich sehr vorsichtig versuchen, die Reste manuell zu entfernen.

Fördern kann man den reibungslosen Ablauf der Häutung, indem man den Tieren feuchte Höhlen zur Verfügung stellt und die Agamen ausreichend mit Vitaminen und Mineralstoffen versorgt. Oftmals reicht schon eine leichte Anhebung der Luftfeuchte, um Häutungsschwierigkeiten zu verhindern. Ganz hartnäckige Fälle von Häutungsproblemen müssen vom Tierarzt behandelt werden. Folgendes "Hausmittel" soll nicht unerwähnt bleiben: bei hartnäckigen Häutungsproblemen hilft manchmal, die betroffenen Stellen mit noch warmem Kartoffelbrei zu bestreichen und zu warten, bis dieser eintrocknet. Oftmals löst sich das alte Hautstück dann ab.

Das Baden von Bartagamen

Bartagamen kommen in überwiegend trockenen Gegenden vor. Dennoch ist es eine bei vielen Exemplaren von *Pogona vitticeps* gemachte Terrarienbeobachtung, dass sie eine Vorliebe für das nasse Element haben. So beginnen einige Tiere beim Bad mit Putzbewegungen der Hinterbeine den Kopf zu reinigen, mit angelegten Beinen umherzuschwimmen, mit gierigen Schlucken zu trinken – und abzukoten. Auch bei Häutungsschwierigkeiten kann ein Bad helfen.

Man verwendet eine mit handwarmem Wasser gefüllte Bademöglichkeit, in der die Agamen stehen und die sie jederzeit verlassen können. Aber Bartagamen sind keine "Badeagamen" und einige geraten sogar in Panik, wenn sie in Wasser gesetzt werden. Man lässt die Tiere am besten selbst entscheiden und es ist ohnehin empfehlenswert, einfach eine ausreichend große Wasserschale in das Terrarium zu stellen. Diese wird auch die in den meisten Terrarien zu geringe Luftfeuchtigkeit ein wenig erhöhen. Liegen die Agamen sehr häufig im Wasserbecken, kann dies ein Zeichen dafür sein, dass die Lufttemperatur im Terrarium zu hoch ist und die Tiere das Wasser zur Abkühlung aufsuchen. Zu häufiges Baden kann im Extremfall auch zu Hautmykosen führen.

Abb. 115. Manche Bartagamen (hier *P. vitticeps*) baden gerne. Foto: G. Köhler

Winterruhe

In ihrem Verbreitungsgebiet sind Bartagamen saisonalen Klimaschwankungen (vgl. Klimadiagramme S. 188) ausgesetzt. Während sie der extremen Hitze des Hochsommers in kühlen Verstecken entkommen können, müssen sie für die kühlen Zeiten eine andere Strategie anwenden. Ähnlich unseren einheimischen Eidechsen verbringen sie diese Phasen mit reduzierter Bewegungsaktivität und schrauben ihren gesamten Stoffwechsel herunter. Auch im Terrarium muss zumindest bei den Arten aus dem südlichen Verbreitungsgebiet (*P. minor, P. nullarbor*) eine kühle Periode simuliert werden.

Da die Agamen durch Außenaufenthalt und Temperaturschwankungen meist ohnehin sehr von unserem hiesigen Klima beeinflusst werden, empfiehlt es sich, im späten Herbst mit den Vorbereitungen für die Ruheperiode zu beginnen.

Einige Tiere ziehen sich in dieser Jahreszeit bereits von sich aus zurück. Man beginnt die Winterruhe, indem man die Tiere bei noch voll eingeschalteter Beleuchtung und Beheizung zwei Wochen konsequent nicht mehr füttert. Es ist wichtig, dass die Bartagamen mit weitgehend entleertem Verdauungstrakt überwintert werden, da Nahrungsreste verfaulen und gären können. Einige Halter baden ihre Agamen in handwarmem Wasser, um die Entleerung des Darms zu provozieren.

Nach Ablauf dieser Zeit reduziert man im Laufe von weiteren zwei Wochen nach und nach die allgemeine Grundbeleuchtung auf 6-8 Stunden, schaltet die Beheizung aus und lässt die Spotstrahler nur noch 1-2 Stunden brennen. Für die nächsten 2 Monate lässt man die Bartagamen nun völlig in Ruhe. Jegliche Beleuchtung und Beheizung schaltet man ab oder lässt sie nur noch stundenweise brennen. Die Agamen suchen sich im Terrarium eine ihnen geeignet erscheinende Stelle aus. So sitzen einige auf Kletterästen, während sich andere in Verstecke zurückziehen. Die meisten

Abb. 116. In der Natur überwintern manche Bartagamen in selbstgegrabenen Erdhöhlen, die die Tiere von innen verschließen (verändert nach RANKIN 1977).

Bartagamen bewegen sich während der Überwinterung nur wenig. Sollten sie häufig durch die Umgebung abgelenkt sein, hängt man einen Sichtschutz vor die Scheiben des Terrariums.

Während der Ruhezeit dürfen die Bartagamen nicht gefüttert werden, es muss ihnen lediglich stets frisches Wasser zur Verfügung stehen. Wenn man ein Pärchen hält, kann man die Tiere in dieser Zeit trennen, um ihnen für die kommende Saison einen zusätzlichen Paarungsanreiz zu bieten.

Abb. 117. Manche Bartagamen ziehen sich während der Winterruhe ganz zurück.
Foto: K. Affonce

Bei Zimmertemperatur durchleben die Bartagamen diese Zeit problemlos. Die **Temperaturen** sollten nicht längerfristig unter 15°C und auch nicht kurzfristig unter 5-10°C sinken, um gesundheitliche Schädigungen zu vermeiden. Gelegentlich sollte man die Bartagamen auf ihren Zustand hin untersuchen. Wenn man sie in die Hand nimmt, sollten sie die Augen öffnen und die Kloake darf nicht verschmiert oder verklebt sein. In ihrem stoffwechselreduzierten Zustand sind sie für Parasiten relativ anfällig. So sucht man die Agamen auf Außenparasiten (Milben, Zecken) ab – ein Innenparasitenbefall (z.B. Nematoden) sollte durch regelmäßige Kotuntersuchungen ohnehin ausgeschlossen sein. Im Laufe der Überwinterung verlieren die Tiere nur wenig Körpergewicht. Eine starke Gewichtsabnahme kann ein Zeichen für einen Endoparasitenbefall sein oder ein

Hinweis, dass die Temperatur im Terrarium zu hoch ist und sie somit zuviel Energie verbrennen. Zeigen sich klare Krankheitssymptome, bricht man die Überwinterung ab. Bartagamen, die aus kühleren Verbreitungsgebieten stammen, können auch bei niedrigeren Temperaturen überwintert werden. So werden beispielsweise in einer Zuchtfarm in Alabama zahlreiche *Pogona vitticeps* beinahe ein halbes Jahr in einer überdachten Freilandanlage überwintert, in der die Tiere auch kurzfristig Temperaturen um 5°C überstehen müssen. Hierbei gibt es jedoch während besonders strenger Winter Ausfälle (LANGERWERF pers. Mitt.). Man darf nur gut genährte, parasitenfreie und völlig gesunde Tiere überwintern, die nicht in der Häutung sind. Auch Jungtiere in gutem Zustand können problemlos überwintert werden – das ist jedoch kein Muss und die erste Überwinterung wird von zahlreichen Haltern ausgelassen. In den letzten zwei Wochen der Überwinterung erhöht man Tag für Tag wieder langsam die Beleuchtung und schaltet schließlich auch die Spotstrahler an. Nach und nach kommen die Bartagamen, meist die Männchen zuerst, hervor und stürzen sich dann bald auf ihr Futter. Hier zeigen sich individuelle Temperamentsunterschiede. Während manche noch die meiste Zeit des Tages dösend und schlafend verbringen, entwickeln sich andere zu Energiebündeln. Wer seine Tiere während der Winterruhe als zusätzlichen Zuchtanreiz getrennt gehalten hat, kann sie jetzt wieder zusammenführen. Unter Terrarienbedingungen hat sich gezeigt, dass alle erhältlichen Bartagamenarten auf diese Weise überwintert werden können und die meisten diese kühlen Ruhephasen als Stimulus für eine erfolgreiche Fortpflanzung benötigen. Bartagamen, die ohne Überwinterung gehalten werden, sind oftmals anfälliger für diverse Infektionskrankheiten und haben eine reduzierte Lebenserwartung.

Einige Individuen ziehen sich auch außerhalb der Winterruhe für einige Wochen zurück. Solange sich keine Anzeichen für Parasiten, Stress (hierzu zählt besonders Stress, der durch zu hohe oder zu niedrige Temperaturen, zu schwache Beleuchtung, Dominanzverhalten durch andere Tiere oder zu viel Aufmerksamkeit durch den Pfleger hervorgerufen wird) oder andere Erkrankungen finden lassen, ist das als völlig normal einzustu-

fen. Gerade Tiere aus dem nördlichen Australien legen oftmals eine Ruhephase während der besonders warmen Zeit ein. Hierbei muss der Pfleger keine besonderen Maßnahmen ergreifen.

Check up Winterruhe:

✓ Bei voller Beleuchtung und Beheizung für 2 Wochen Fütterung einstellen (im späten Herbst)

✓ Innerhalb von weiteren zwei Wochen schwache Beleuchtung auf 6-8 Stunden täglich reduzieren, Beheizung ausstellen, Spotstrahler nur noch 1 Stunde täglich brennen lassen.

✓ 2-3 Monate Bartagamen in voller Ruhe bei Zimmertemperatur überwintern lassen, jedoch mindestens für 6 Wochen.

✓ Gelegentliche Gewichtskontrolle.

✓ Nicht mehr füttern, immer frisches Wasser anbieten.

✓ Zur Beendigung der Winterruhe, Beleuchtung und Beheizung langsam wieder erhöhen und schließlich wieder mit der Fütterung beginnen.

Zucht und Aufzucht

Zucht und Aufzucht

Balz und Paarung

Zur Zucht sollte man nur gesunde, gut genährte Tiere einsetzen, die mindestens ein Jahr alt sind und von verschiedenen Elterntieren stammen.

Etwa drei bis vier Wochen nach Beendigung der Winterruhe beginnen die Bartagamen mit den Paarungsaktivitäten. Die Männchen entwickeln dann ein starkes Territorialverhalten, vertreiben Rivalen und beginnen mit ihrem Balzverhalten, dass sich überwiegend durch ausgeprägtes Kopfnicken präsentiert. Der Bart wird tiefschwarz gefärbt und gestellt, und um das Kopfnicken noch zu verstärken, bewegen sie den Oberkörper auf und ab. Die Weibchen beantworten dieses Verhalten zumeist mit beschwichtigendem "Winken" und entziehen sich oft den ersten Annäherungsversuchen. Ist das Weibchen schließlich paarungsbereit, senkt es seinen Oberkörper ab und beobachtet das Männchen weiter. Gelegentlich nicken die Weibchen jetzt noch die Männchen an. Diese umkreisen das Weibchen nun kopfnickend und mit aufgestelltem Bart.

ZWINENBERG (1980) beobachtete, dass die Bartagamenmännchen ihre Annäherung immer wieder unterbrechen und deutlich hörbar mit den Vordergliedmaßen auf den Boden stampfen. Haben sie das Weibchen schließlich erreicht, nähern sie sich von der Seite und beißen das Weibchen im Bereich Hinterkopf-Nacken-Schultern und halten sich mit diesem sogenannten Paarungsbiss fest. Um die Kloaken anzunähern, schiebt das Männchen seinen Körper in Richtung der bissabgewandten Seite und sollte das Weibchen seinen Schwanz noch nicht angehoben haben, provoziert er dieses durch ein Kratzen mit den Hinterbeinen auf dem Rücken seiner Partnerin. Nachdem das Weibchen seine Schwanzbasis angehoben hat, führt das Männchen einen Hemipenis in die Kloake des Weibchens ein. Nach 30-60 Sekunden ist die Paarung beendet und die Partner trennen sich wieder.

Abb. 119. Zur Einleitung der Paarung setzt das Männchen den Paarungsbiss.
Foto: R. Pesch

Die Männchen brauchen nach dem scheinbar anstrengenden Akt oftmals eine ganze Weile Regenerationszeit, während der sie apathisch herumliegen. Der Nackenbiss kann leichte oberflächliche Wunden hervorrufen, die jedoch meist rasch verheilen.

Einmal verpaart, können die Weibchen mehrere Gelege befruchten (Samenspeicherung, Amphigonia retardata).

Abb. 120. Paarung bei *Pogona vitticeps*.
Foto: R. Pesch

Bei LANGERWERF (pers. Mitt.) legten Weibchen, die im Spätsommer des vorhergehenden Jahres letztmalig mit einem Männchen vergesellschaftet waren, nach sechsmonatiger Winterruhe im Frühjahr befruchtete Gelege ab!

Nicht immer verläuft die Paarungszeit sehr harmonisch. Paarungsunwillige Weibchen können durch das ganze Terrarium gejagt werden und es kann zu regelrechten Vergewaltigungen kommen (CARPENTER et al. 1970). Auch ständige Nachstellungen bei paarungswilligen Weibchen können die Tiere schwächen. In diesem Fall, spätestens jedoch kurz vor der erwarteten Eiablage sollten die Männchen aus dem Terrarium entfernt werden. Auch für die Männchen ist die Paarungszeit sehr anstrengend und oft stellen sie die Nahrungsaufnahme ein. In seltenen Fällen können sich die Männchen dem Pfleger gegenüber aggressiv verhalten, ein Verhalten, dass sich bald wieder legt. Die Paarung findet meist in der ersten Tageshälfte statt, weshalb sie vom Pfleger nur selten beobachtet wird.

Abb. 121. Männchen kurz nach der Paarung.
Foto: R. Pesch

Ein Hinweis für stattgefundene Paarungen können Sandkörner in der Kloake des Männchens sein, die das Tier nach der Kopulation bei Zurückziehen der Hemipenes aufgenommen hat. Nimmt man das Männchen in die Hand und bewegt den Schwanz leicht nach oben und zur Seite, fallen dann einige Sandkörnchen aus der Kloake.

Trächtigkeit

Vor den Weibchen liegt nach erfolgreicher Paarung eine drei bis vier, maximal siebenwöchige Trächtigkeit während der sie mit besonderer Sorgfalt gepflegt werden müssen.

Die Ernährung muss jetzt sehr hochwertig und abwechslungsreich gestaltet werden, da die Tiere zur Heranbildung der Eier einen erhöhten Nähr- und Mineralstoffbedarf haben.

Außer der normalen Mineralstoffbestäubung mit Korvimin ZVT, muss unbedingt noch zerbröselte Sepiaschale zur Verfügung gestellt werden, und häufiger als sonst Vitamine ins Trinkwasser gegeben werden. Das Futterangebot muss reichlich sein. Die gelegentliche Verfütterung einer Babymaus kann helfen, ist bei ausreichender Fütterung mit anderen Nahrungsbestandteilen aber nicht unbedingt notwendig.

Die weiblichen Bartagamen sind in dieser Zeit besonders futtergierig und verbringen viel Zeit unter dem Spotstrahler. Je näher der Tag der Eiablage kommt, desto fülliger werden die Tiere. Mit der Zeit zeichnen sich im Bauchraum einzelne Eier ab und können gut ertastet werden. Die zahlreichen Eier sind sehr raumfüllend und schränken die Tiere zum Ende der Trächtigkeit sogar in der Atmung ein, weshalb hochträchtige Agamen zur Unterstützung der Atmung oft mit erhobenem Oberkörper dasitzen. Wenige Tage (meist 3-4 Tage) vor der Eiablage stellen viele Bartagamen die Nahrungsaufnahme ein und wirken sehr unruhig.

Abb. 122. Während der Trächtigkeit halten sich die Weibchen oft unter dem Spotstrahler auf. Foto: K. Affonce

Eiablage

Auf der Suche nach einem geeigneten Eiablageplatz durchstreift das Weibchen das Terrarium, nimmt Probegrabungen vor und versucht gelegentlich, aus dem Terrarium auszubrechen. Wer keinen ausreichend hohen Bodengrund hat, muss diesen jetzt einfüllen oder eine große Schale in das Terrarium stellen. Hierfür eignen sich beispielsweise die unteren Teile von Katzentoiletten o. ä., diese haben den Vorteil, dass man sie nach vollendeter Eiablage leicht aus dem Terrarium herausnehmen kann, um die Eier zu bergen.

Am besten sollte der **Eiablageplatz** ca. so tief sein wie die Echse lang ist (Kopf-Rumpflänge, KRL), um den Echsen das Graben einer Höhle zu ermöglichen – 20 cm ist jedoch das Minimum. Sie können bei der geringen Tiefe zwar keine Eiablagehöhle graben, aber wenn die Feuchtigkeit und die Temperatur dem Weibchen angemessen erscheinen, wird es bis zum Boden graben und dort die Eier ablegen.

An den Eiablageplatz stellen die Weibchen hohe Ansprüche: er muss mäßig feucht, aber nicht nass sein und die geeigneten Temperaturen (ca. 25-30°C) vorweisen sowie aus einem grabfähigen Substrat bestehen, das bei den Grabetätigkeiten weder nachrutscht noch zusammenbrechen kann.

Um die geeignete Temperatur im Eiablagesubstrat einzustellen, empfiehlt es sich, einen Spotstrahler über der Stelle zu installieren. Eine Heizmatte unter der Eiablagestelle führt zu einer unnatürlichen Aufheizung der unteren Schichten und kann bei dem grabenden Weibchen zur Einstellung der Grabeaktivität führen. Bei doch erfolgter Eiablage können die Eier austrocknen oder regelrecht verbacken werden

Als **Eiablagesubstrat** kann man Sand oder eine Sand-Lehm-Blumenerde Mischung verwenden, die mäßig feucht gehalten und in der Eiablageschale stark zusammengepresst wird, damit sie stabil bleibt.

Hat das Weibchen eine geeignete Eiablagestelle gefunden, gräbt es mit den Vorderbeinen und schiebt das geförderte Material mit den Hinterbeinen weg.

Abb. 123. Werden die Terrarienscheiben höher eingesetzt, kann man den Bodengrund für die Eiablage hoch einfüllen.

Foto: U. Schuster

101

Abb. 124-125. Während der Eiablage darf das Weibchen nicht gestört werden.

Abb. 126 (oben). Deutlich ist die Keimscheibe bei einigen Eiern als runder Fleck zu erkennen. Das bedeutet, dass das jeweilige Ei befruchtet ist.   Fotos: L. Dodd

JOHNSTON (1979) beschreibt, dass von ihm untersuchte Eiablagehöhlen nach 35 cm und einer Tiefe von 20 cm in einem 45° Winkel nach links abknickten, 5 cm weiter abgesenkt wurden und schließlich in einer 8-10 cm weiten Eiablagekammer endeten. HAUSCHILD (2000b) zeigt in einem Bericht eine aufgegrabene Eiablagehöhle, die in einem 120° Winkel nach rechts verläuft.

Das Weibchen sollte sich komplett in die Eiablagehöhle zurückziehen können. In der Eiablagekammer legt sie jetzt ihr Gelege mit meist zwanzig bis dreißig Eiern ab. Das größte bislang bekannt gewordene Gelege einer

Form einer Eiablagehöhle

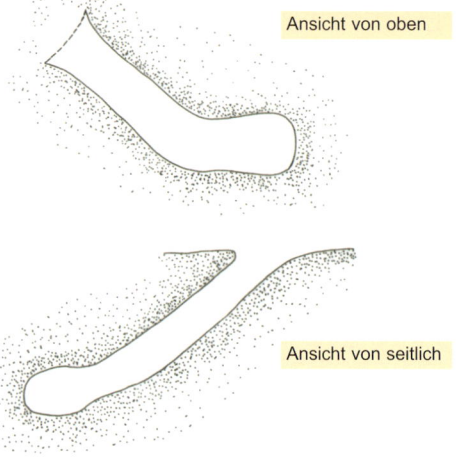

Ansicht von oben

Ansicht von seitlich

Eiablagehöhle von *P. vitticeps* (nach JOHNSTON 1979)

102

Abb. 127. Weibchen einer *Pogona vitticeps* bei der Eiablage.   Foto: M. Moore

Bartagame (*P. vitticeps*) umfasste 68 Eier (VOSJOLI et al. 2001)! Wenn das Weibchen die Eier abgelegt hat, gräbt es die Höhle mit den Hinterbeinen wieder zu, stößt mit der Schnauze den Boden fest und glättet unter Zuhilfenahme des Schwanzes die Eiablagestelle, bis die Stelle nahezu nicht mehr vom Umfeld zu unterscheiden ist (JOHNSTON 1979).

Das Weibchen hält sich dann noch eine Weile in der Nähe der Eier auf. Eine weitere Brutfürsorge findet nicht statt. Beobachtungen auf der Sand-fire-Dragon-Ranch (MAILLOUX pers.

Mitt.) zeigen, dass die meisten Weibchen ihre Eier am Nachmittag (zwischen 13 und 18 Uhr) ablegen. Nach frühestens 3-4 Wochen können die Weibchen weitere Gelege ablegen. Während einjährige Weibchen oft nur ein kleines Gelege absetzen, können zwei- und dreijährige Tiere bis zu sieben Gelege pro Saison produzieren (VOSJOLI et al. 2001). Mit Erreichen des fünften Lebensjahres reduziert sich die Gelegegröße und Lege-häufigkeit, bis die Fortpflanzungs-aktivitäten schließlich ganz eingestellt werden.

Abb. 128. Das Weibchen bleibt bis zum Ende der Eiablage unter der Erde.
                                    Foto: B. Langerwerf

Abb. 129. Vorsichtig wird das Gelege freigelegt. Das braune Ei ist unbefruchtet und muss aussortiert werden.   Foto: K. Affonce

Während der Eiablage darf das Weibchen nicht gestört werden.

Sobald das Tier sich aber vom zugegrabenen Gelege entfernt, kann man die Eier entnehmen. Es empfiehlt sich aber, eine Weile zu warten, da die Eier noch ein wenig aushärten und dadurch widerstandsfähiger werden. Wenn am Boden des Behälters eine Bodenheizung angebracht ist, sollte das Gelege schnellstmöglich entnommen werden, da die Eier sonst bald verderben.

Nach der Eiablage ist das Weibchen geschwächt und nimmt Wasser auf, das man zur zusätzlichen Kalziumversorgung mit Kalziumlaktat (ein Teelöffel pro 250 ml) versetzen kann.

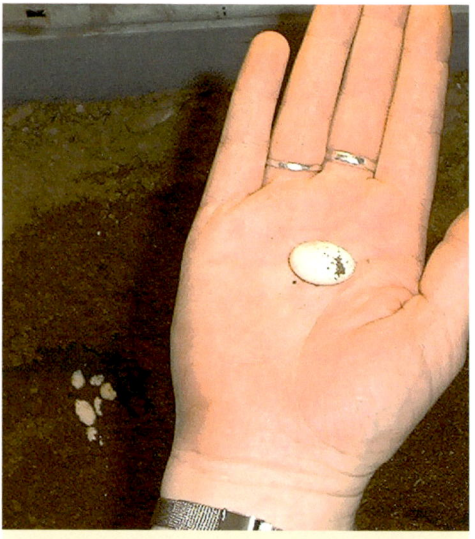

Abb. 130. Die Eier dürfen bei der Bergung und auch danach nicht gedreht werden.
                                    Foto: K. Affonce

Inkubation der Eier

Im Terrarium haben die Eier sehr unkonstante Bedingungen und es besteht immer die Gefahr, dass die Elterntiere Eier oder schlüpfende Jungtiere fressen. Die Eier sollte deshalb in einem Inkubator künstlich bebrütet werden. Um die Eier zu entnehmen, muss man sie erst ganz vorsichtig freilegen. Dabei kann man einen großen Pinsel zu Hilfe nehmen.

Die Eier dürfen nicht gedreht werden, da – anders als in einem Vogelei – der Embryo nach einiger Zeit nicht mehr frei beweglich ist und vom Dottersack erdrückt werden kann (KÖHLER 1997).

Abb. 131. "Heimchendosen" eignen sich gut als Inkubationsbehältnis.

Foto: K. Grießhammer

Um ein unbeabsichtigtes Drehen der Eier zu vermeiden, empfiehlt es sich, die Oberseite des Eies zu markieren (beispielsweise mit einem weichen Bleistift). Man überführt die Eier jetzt einzeln auf ein geeignetes **Brutsubstrat**. Als Inkubationssubstrate mit den besten Resultaten haben sich Vermiculite und Perlite erwiesen, aber auch Sand und andere Substrate sind geeignet. Das Vermiculite wird mit Wasser in einem Gewichtsverhältnis von ca. 4:3 gemischt.

Das Substrat sollte sich nur leicht feucht anfühlen und wenn man es zwischen den Fingern zusammenpresst, darf kein Wasser mehr hervortreten. Da gerade Anfänger meist zu feucht inkubieren, kann man zur Sicherheit noch eine fingerdicke Schicht trockenes Vermiculit auftragen. Als Inku-bationsbehältnis kann man "Heimchendosen" (Transportschachteln der Futterinsekten) verwenden. Man füllt sie halbvoll mit dem Inkubationssubstrat. Das Substrat sollte bereits Inkubationstemperatur haben, wenn die Eier eingebracht werden.

Da die Eier im Laufe der Inkubation durch Feuchtigkeitsaufnahme wachsen, sollte man den Abstand nicht zu gering wählen – aber auch eine Berührung stellt in der Regel kein Problem dar. So kleben auch während der Eiablage immer mal einige Eier zusammen, die man nur trennen muss, wenn ein Ei unbefruchtet oder verdorben ist.

105

Unbefruchtete Eier sind schlaff bzw. ohne Spannung, klebrig und gelblich/bräunlich (vgl. braunes Ei auf Abb. 129). Sie haben ebenso wie beschädigte Eier, aus denen Flüssigkeit austritt, keine Chance Jungtiere hervorzubringen.

Sind die Eier in das Substrat gebettet, bringt man die Inkubationsbehälter in eine Brutmaschine, einen Inkubator. Dieser Inkubator hat die Aufgabe, die Temperatur in dem Bereich zu halten, der benötigt wird, um dem Embryo das Wachstum zu ermöglichen.

Die **Bruttemperatur** sollte im Bereich von 26-29°C liegen. Temperaturen oberhalb 30°C erhöhen die Wahrscheinlichkeit, dass keine oder nur missgebildete Jungtiere schlüpfen.

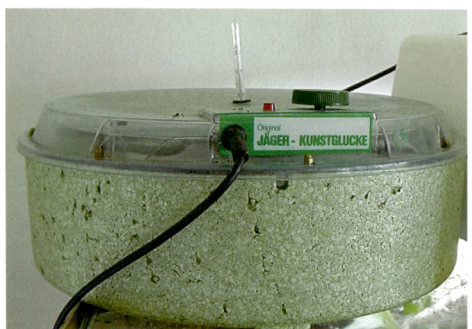

Abb. 132. Handelsübliche Brutapparate (Flächenbrüter) eigenen sich gut zum Ausbrüten der Eier.   Foto: K. Grießhammer

Es ist von zahlreichen Reptilienarten bekannt, dass die Inkubationstemperatur Einfluss auf das Geschlecht der Jungtiere hat (KÖHLER 1997). Noch gibt es keine ausreichende Datenbasis, um eine gesicherte Aussage zu treffen, ob bei Bartagamen die Inkubationstemperatur einen Einfluss auf das Geschlecht der Schlüpflinge hat. Erste Hinweise liefern aber VOSJOLI et al. (2001), die berichten, dass bei 27,8-28,8°C mehr Männchen schlüpfen als bei 28,8-30° C.

Wenn die Temperaturen nachts leicht (um 3-6 °C) absinken (Tag-Nacht-Schwankungen der Inkubationstemperatur), schlüpfen oftmals agilere Tiere. Eine **Nachtabsenkung** lässt sich bei einigen Inkubatormodellen einstellen, ansonsten kann mit einer Zeitschaltuhr stundenweise die Beheizung abgeschaltet werden. Notwendig ist eine Nachtabsenkung jedoch nicht.

Es werden mittlerweile zahlreiche Inkubatormodelle für Reptilien angeboten. Sehr verbreitet sind Flächenbrüter (z.B. die "Kunstglucke" der Firma Jaeger), aber auch andere Geräte sind geeignet. Man kann auch Eigenbauten verwenden.

Motorbrüter nach BROER & HORN (1985) sind von hoher Qualität, aber auch etwas aufwendig. Bartagameneier sind nicht sehr empfindlich, so dass auch mit einfachen Modellen Schlupfergebnisse bis 100% erzielt werden können. Es schlüpften schon Jungtiere aus Brutbehältern, die einfach in die Nähe warmer Vorschaltgeräte gestellt wurden! Brutschränke sollten generell an einem erschütterungsfreien Ort aufgestellt werden, an dem die Temperaturen möglichst konstant bleiben. Auch im weiteren Verlauf der Inkubation dürfen die Eier nicht gedreht werden (Markierung auf der Oberseite!).

Bei der mindestens wöchentlich durchzuführenden **Kontrolle der Inkubation** überprüft man Brutsubstrat und Eier.

Eier, die sich verfärben und zu riechen anfangen oder gar von Schimmel befallen sind, sind abgestorben und umgehend zu entfernen.

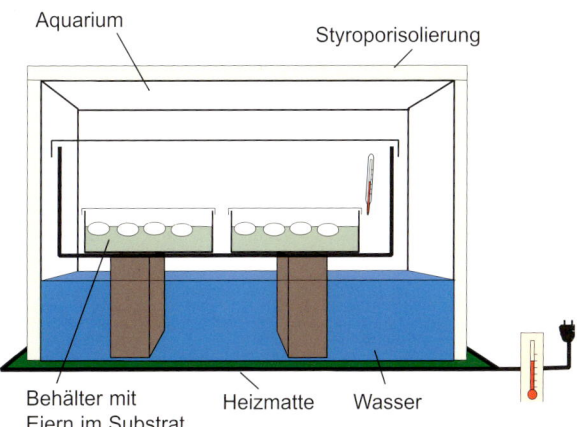

Aquarium | Styroporisolierung

Behälter mit Eiern im Substrat | Heizmatte | Wasser

Abb. 133. Brutschalen mit Perlite als Inkubationssubstrat. Die dunklen Eier sind abgestorben.   Foto: K. Affonce

Eigenbau eines Brutapparates

Eine der einfachsten Methoden zur Inkubation von Reptilieneiern ist die sogenannte **Aquarienmethode** (Abb. oben). Hierzu füllt man ein kleines Aquarium o.ä. mit Wasser, bis ein Wasserstand von ca. 10 cm erreicht ist.

Auf Abstandshalter, wie beispielsweise Ziegelsteine stellt man nun einen verschließbaren kleineren zweiten Behälter, in den man später die Inkubationsbehältnisse stellt. Durch eine Glasplatte auf dem Aquarium wird ein übermäßiges Verdunsten des Wassers und starke Temperaturschwankungen vermieden.

In den Wasserteil versenkt man einen Aquarienheizstab oder legt eine Heizmatte unter das Aquarium. Mittels eines Thermometers im kleineren Behälter muss man dann so lange die Einstellungen des Thermostates variieren bis die gewünschte Temperatur erreicht ist.

Eier, bei denen man sich nicht sicher ist, ob sie noch in Ordnung sind, werden in einzelnen Dosen isoliert, da Schimmelsporen auch auf gesunde Eier übertragen werden können.

Die Feuchtigkeit des Brutsubstrates nimmt durch Verdunstung und Wasseraufnahme der Eier ab und nach Bedarf muss nachbefeuchtet werden. Die Eier dürfen jedoch nie in direkten Kontakt mit Wasser kommen!

Abb. 134. Pralles Ei kurz vor dem Schlupf.

Es hat sich bewährt, mit einer Spritze das Wasser in die Ecken oder Eizwischenräume zu geben oder in großen Brutbehältern ein Rohr bis zum Boden zu schieben, durch das man die Flüssigkeit einfüllen kann. Die Eier selbst nehmen durch die Flüssigkeitsaufnahme an Volumen zu. Der Embryo ernährt sich von dem Dottersack und nimmt über die poröse Eihülle Sauerstoff auf.

Nach rund 50-70 Tagen sind die Bartagamen schlupfreif.

Abb. 135. Unmittelbar vor dem Schlupf fällt das Ei ein und bekommt Dellen.

Oftmals tritt rund 24 Stunden vor dem Schlupf Wasser aus den Eiern aus, es sieht dann so aus, als ob sie schwitzen. Meist fallen die Eier kurz vor dem Schlupf auch ein wenig ein. Vermutlich tritt das "Schwitzen" vor allem bei Eiern auf, die übermäßig Wasser aufgenommen haben, also zu feucht inkubiert wurden. Deshalb ist es empfehlenswert, während der letzten zwei Wochen der Inkubation das Substrat nicht mehr nachzufeuchten.

Abb. 136. Das Jungtier hat die Eischale aufgeschlitzt.   Fotos: G. Köhler

Abb. 137. Brutsubstrat aus Seramis und Moos. Foto: U. Dost

Abb. 140. Auf Vermiculite zeigen sich sehr gute Schlupfergebnisse.
Foto: K. Grießhammer

Abb. 138. Der Schlupfakt ist sehr anstrengend.

Abb. 139 (rechts). Oft verharrt das Jungtier noch stundenlang im Ei. Fotos: G. Köhler

Einige Stunden darauf schneiden die Bartagamen mit einem kleinen Eizahn, der nur diese eine Aufgabe hat und dann abfällt, einen Schnitt in die Schale. Sie schieben dann zuerst ihren Kopf hindurch und beginnen mit der Lungenatmung.

Der Schlupfvorgang ist sehr anstrengend und die Jungtiere lassen sich Zeit. Es kann über 24 Stunden vom Anritzen bis zum Verlassen der Eihülle dauern.

Abb. 141. Frisch geschlüpfte Jungtiere müssen vorsichtig behandelt werden.
Foto: G. Köhler

Abb. 142. Dieses Jungtier hat den Dottersack nicht vollständig resorbiert.
Foto: K. Grießhammer

Wenn sie sich aus dem Ei befreit haben, kann man sie vorsichtig aus dem Inkubator herausnehmen. Man sollte die Bauchseite der Schlüpflinge inspizieren. Gelegentlich haben sie den Dottersack nicht vollständig aufgenommen. Dann stellt man die Tiere mit einer Heimchendose, auf deren Boden feuchter Zellstoff liegt, noch einmal für 24 Stunden in den Brutschrank.

Man sollte sich nicht dazu verleiten lassen, bei überschrittenem Schlupftermin manuelle Schlupfhilfe zu leisten. Meistens öffnet man die Eier zu früh und die Embryonen sterben ab.

Wenn befruchtete Eier nicht zum Schlupf kommen, liegt das nicht unbedingt an ungünstigen Inkubationsbedingungen; in solchen Fällen ist die Ursache oftmals in einer mangelhaf-ten Nährstoffversorgung des Muttertieres zu suchen.

Besonders bei Arten, die unter Terrarienbedingungen leicht zu vermehren sind, wie z.B. *Pogona vitticeps*, ist es oftmals nicht einfach, die eigenen Nachzuchttiere in gute Hände abzugeben. Deshalb sollte man sich möglichst früh vergewissern, an wen man die Jungtiere später abgeben kann. Gegebenenfalls muss man sich überlegen, ob man überhaupt alle gelegten Eier inkubieren möchte. Ein einzelnes Weibchen kann im Extremfall über hundert Jungtiere pro Jahr hervorbringen und man muss mehrere Aufzuchtterrarien betreiben, um diese nach Größe sortiert unterzubringen.

Aufzucht der Jungtiere

Während adulte Bartagamen relativ einfach zu pflegen sind, darf die Aufzucht der Jungtiere nicht unterschätzt werden. Häufig werden hier aus Unwissenheit oder Zeitmangel Fehler gemacht, die zum raschen Tod der kleinen Bartagamen führen.

Aufzuchtterrarien sollten nicht zu klein geraten, aber stets so übersichtlich sein, dass alle Bartagamen an Futter gelangen, da die Kleinen sonst trotz großem Futterangebot verhungern können. Das Terrarium sollte nach Möglichkeit mit den Tieren "wachsen" und in der Ausstattung dem Becken der Adulttiere entsprechen. Eierkartonpappe bietet viele Versteck-

Abb. 144. Jungtiere im Aufzuchtterrarium während der ersten Tage.

Foto: K. Grießhammer

Abb. 143. Zellstoff eignet sich wegen der leichten Reinigung während der ersten Wochen als Bodengrund.   Foto: K. Affonce

und Klettermöglichkeiten und kann regelmäßig ersetzt werden.

Als **Bodensubstrat** eignet sich für die ersten Lebenswochen Küchenpapier oder Zeitung und später die gleichen Materialen wie bei den Alttieren. Taubengrit hat sich gerade bei den Jungtieren sehr bewährt, da er leicht sauber zu halten ist und die Tiere ihn als Kalziumlieferanten aufnehmen können.

Ein Teil des Terrariums muss morgens und abends übersprüht und ständig eine feuchte Höhle angeboten werden. Auch eine kleine Schale mit sauberem Wasser muß immer zur Verfügung stehen. Da die Jungtiere jedoch meist

Abb. 145. Jungtier bei der Grillenfütterung.   Foto: G. Köhler

nicht selbständig trinken, müssen sie täglich mit einer Pipette getränkt werden.

Nach dem Schlupf kann es einige Tage bis zu einer Woche dauern, bis die jungen Agamen Futter annehmen. Gefüttert werden die Jungtiere mit den gleichen Futtertieren und Futterpflanzen wie die ausgewachsenen Bartagamen (vgl. S. 72ff).

Abb. 146. Manche Jungtiere müssen separiert werden.   Foto: G. Köhler

> Als Grundregel gilt jedoch, dass das Futter nicht massiger sein sollte, als der Kopf der Tiere breit ist.

Die kleinen Bartagamen sollten in den ersten Monaten mehrmals täglich mit

lebenden Insekten gefüttert werden. Die Jungtiere sind sehr futtergierig und verbeißen sich auch schon einmal in den Extremitäten ihrer Geschwis-

Abb. 147-148. Mehrmals am Tag sollten die Jungtiere getränkt werden.   Fotos: G. Köhler

Abb. 149 (unten). Die Futtertiere müssen immer mit Mineralstoffen eingestäubt werden.
Foto: U. Dost

sich die Jungtiere dann seltener gegenseitig beißen.

Man sollte sich hüten, aus Zeitmangel oder Bequemlichkeit einfach eine große Anzahl von Futterinsekten in das Terrarium zu schütten. Es kann zu Panik unter den Jungtieren kommen, schlimmstenfalls zum Stresstod. Dies äußert sich darin, dass die Tiere panisch durch das Terrarium rennen, zittern, sich um die eigene Achse drehen und unter Umständen verenden. Oft können sie noch gerettet werden, indem ihnen ein bis zwei Tropfen physiologische Kochsalzlösung, Amynin oder Wasser ins Maul gegeben wird.

ter. Manche Exemplare bilden eine besondere Vorliebe für diese "Futterergänzung" aus und müssen separiert werden. Es ist von Vorteil, wenn immer Futter im Jungtierterrarium vorhanden ist (z.B. eine Basilikumpflanze). Beobachtungen zeigen, dass

113

Vegetarisches Futter sollte den Agamen immer zur Verfügung stehen (vgl. Kapitel Ernährung S. 77).

Neben einer Variation verschiedener Blatt-, Obst- und Gemüsesorten, die in maulgerechte Stückchen geschnitten werden, eignen sich Kräuterstämmchen (z.B. Basilikum), die im Topf frisch bleiben bis sie gefressen werden, sehr gut. Im ersten halben Jahr wachsen die Bartagamen am schnellsten in die Länge, danach werden sie breiter und kräftiger.

Wenn die Jungtiere 20 cm Gesamtlänge (für *P. vitticeps*) erreicht haben, nehmen die kannibalischen Tendenzen gegenüber Artgenossen ab. In dieser Größe fressen sie auch mehr Vegetarisches. Bartagamen, die unter

Abb. 151. Dieses Jungtier hat einen kleinen Wurm in der Futterschale entdeckt.
Foto: G. Köhler

optimalen Beleuchtungs- und Temperaturbedingungen bei gleichzeitiger Gabe überdurchschnittlicher Futtermengen aufgezogen werden, können bereits mit einem halben Jahr geschlechtsreif werden (VOSJOLI et al. 2001)! Besser ist es jedoch, wenn sie erst nach der ersten oder sogar zweiten Winterruhe ihre Geschlechtsreife erreichen und zur Zucht verwendet werden. *Pogona vitticeps* wird mit einer Gesamtlänge von dreißig bis vierzig Zentimetern geschlechtsreif.

Abb. 150. Eine Gruppe von Jungtieren auf dem vegetarischen Futterteller. Foto: L. Dodd

Um die bei der Aufzucht leider häufig zu beobachteten rachitische Erkrankungen zu vermeiden, wird den Jungtieren stets Kalzium angeboten und die Futtertiere werden bei jeder Fütterung mit Vitamin-/Mineralstoffpräparaten bestäubt.

Eine ausreichende UV-Bestrahlung wird dringend angeraten (z.B. mit einer Osram Ultra-Vitalux-Lampe 30 min täglich aus 1 m Abstand).

In einem Aufzuchtterrarium mit mehreren Jungtieren ist eigentlich immer etwas los und die Zeit für die (ent-) spannenden Beobachtungen muss man sich einfach nehmen. Neben dem menschlichen Erholungswert läßt sich auch Abweichungsverhalten bei den Tieren besser entdecken.

Eine Aufzucht in kleinen Gruppen empfiehlt sich bei Jungtieren, außer bei *Pogona vitticeps* und *P. henrylawsoni*, nur in den ersten Tagen nach dem Schlupf. Aber auch bei diesen Arten können sich schon nach kurzer Zeit **Rangordnungen** ausbilden. Dies führt zwangsläufig zu Stress bei den unterlegenen Tieren, was sich durch Dunkelfärben und dem verzweifelten Versuch, sich aus dem Wirkungskreis des dominanten Tieres zu entfernen, äußert. Ein deutliches Zeichen hierfür ist das Zappeln und "Hampeln" an den Glasscheiben des Terrariums. Da eine Flucht bei den eingeschränkten Bedingungen im Terrarium nicht möglich ist, verstärkt sich der Druck auf das unterlegene Tier immer mehr und kann schließlich zum Stresstod führen. Ein Tierarzt kann bei den meisten toten Tieren einen durch Stress ausgelösten Massenbefall mit *Pseudomonas*-Bakterien feststellen.

Eine andere Variante der Stresswirkung bei den unterlegenen Tieren ist das sogenannte Kümmern des

Abb. 152. Ein Aufenthalt im Freilandterrarium ist in der Sommerzeit wegen der ungefilterten Sonnenstrahlung dringend anzuraten.
Foto: U. Dost

Abb. 153. Schnell entwickelt sich eine Rangordnung in der Jungtiergruppe.
Foto: K. Grießhammer

Tieres. Die kleine Bartagame liegt die meiste Zeit mit geschlossenen Augen auf den Boden gepresst und frisst – wenn überhaupt – nur sehr zögerlich.

Abb. 154. Frisch geschlüpftes und 4 Wochen altes Jungtier im Größenvergleich.
Foto: K. Grießhammer

der unterdrückten Tiere besiegelt. Besonders schwache Tiere, die es immer wieder gibt, müssen einzeln aufgezogen werden.

Der Wachstumsunterschied kann bei einem einzigen Wurf sogar so groß sein, dass die kleinen Exemplare auf einmal in das Nahrungsspektrum der größeren passen und gefressen werden!

Den allzu frühen Beginn von Rangkämpfen kann man verzögern, indem man auf erhöhte Plätze im Terrarium verzichtet.

Wenn die Elterntiere schon mit Parasiten oder bestimmten Bakterien infiziert waren, können diese in vielen Fällen auch auf die Jungtiere übertragen werden. Bei schlechter Abwehrsituation des Immunsystems (z.B. bei Stress) kann es bei den juvenilen Bartagamen zu einer Massenvermehrung von *Pseudomonas*, *Hexamita*

Die ohnehin dominierenden Tiere fressen jetzt zusätzlich deren Futter, wachsen noch schneller und attackieren schließlich ihre kleineren Geschwister. Trennt man die dominanten Exemplare nicht von den restlichen Jungtieren, so ist das Schicksal

Abb. 155. Jungtiere im Alter von drei Wochen.
Foto: G. Köhler

116

Abb. 156. Jungtiere klettern sehr gerne, jedoch muss man genau beobachten, ob eine Rangordnung entsteht und manche Tiere unterdrückt werden.   Foto: B. Langerwerf

Die Jungtiere sind in den ersten Monaten noch recht schreckhaft und man sollte sie nicht unnötig aus dem Terrarium nehmen, da ihnen sowohl der Stress als auch Fluchtsprünge von der Hand schaden können.

u.a. kommen. Man kann dann praktisch zusehen, wie die Tiere durch Absetzen der Flüssigkeit regelrecht austrocknen und das Skelett sich klar durch die Haut abzeichnet. Wegen der Größe der Jungtiere ist eine medikamentöse Behandlung und somit Rettung meist aussichtslos.

Nicht selten sterben einzelne Kümmerlinge, auch wenn sie unter besten Bedingungen aufgezogen wurden, ohne erkennbare Auslöser. Hierfür sind vermutlich Störungen in der Embryonalentwicklung verantwortlich.

Abb. 157-158. Manche Jungtiere ändern ihre Farbe und Zeichnung in den ersten Monaten noch stark. Oben: im Alter von 6 Wochen. Unten: die gleichen Jungtiere im Alter von 3 Monaten.   Fotos: K. Affonce

Ein häufig bei der Aufzucht von Bartagamen zu beobachtendes Problem ist das Absterben von Teilen des Schwanzes. Sowohl Verletzungen durch Bisswunden und Quetschungen, aber häufig auch Häutungsschwierigkeiten, hervorgerufen durch zu trockene Haltung oder Vitaminmangel, sind meistens die Ursachen.

Hartnäckige Häutungsreste und Einschnürungen müssen so schnell wie möglich entfernt werden, damit das Gewebe weiterhin gut durchblutet wird.

Sollte dennoch Gewebe absterben, spricht man von einer Nekrose. Man erkennt diese an einer Verfärbung, Gefühlsstörungen und schließlich auch an einer Verhärtung im betroffenen Bereich. Dann muss der Tierarzt den Schwanz im noch gesunden Bereich abnehmen und die offene Wunde veröden. Geschieht dies nicht, besteht die Gefahr, dass durch Einschwemmungen von toxischen Substanzen noch größere Bereiche des Schwanzes absterben und die Bartagamen sogar Leber- oder Nierenversagen erleiden können.

Abb. 159 . Die Häutung beginnt meist am Kopf ...   Foto: K. Grießhammer

Abb. 160. ... und die Haut löst sich im Idealfall ...   Foto: G. Köhler

Abb. 161. ... in großen Stücken ab. Die Zehen und der Schwanz müssen trotzdem auf Häutungsreste hin kontrolliert werden.
                    Foto: G. Köhler

Wie wird meine Bartagame zutraulicher?

Viele Menschen wünschen sich ein zahmes Haustier und da Bartagamen im Ruf stehen, sehr zahm zu werden, scheinen sie optimale Kandidaten zu sein. Der Begriff Zahmheit wird in diesem Fall jedoch falsch benutzt. Bartagamen sind in ihrem Verhalten nicht mit Säugetieren zu vergleichen. Säuger werden als Jungtiere von zumindest einem Elterntier gepflegt, und vor allem Gruppentiere verfügen über ein reiches Verhaltensspektrum. Bartagamen sind ab dem Schlupf auf sich selbst gestellt.

"Streicheleinheiten" kennen die Tiere nicht, und sie bedeuten auch eher Stress für sie. Gleichwohl werden Bartagamen ihrem Pfleger gegenüber erstaunlich tolerant. Sie fressen bald aus der Hand und lassen sich auch gut anfassen oder aus dem Terrarium herausnehmen. Einige Exemplare kratzen an der Scheibe des Terrariums und warten darauf, dass sie herausgelassen werden oder betteln förmlich um Futter.

Wer sich mit Ruhe und Geduld um die Bartagamen kümmert, wird ihnen bald vermitteln, dass das Auftauchen des Pflegers mit positiven Reizen, wie Futter, frischem Wasser oder Abwechslung vom Terrarienalltag verbunden ist. So erfolgt eine positive Konditionierung.

Abb. 162. Bartagamen sind wenig scheu und werden schnell zutraulich.   Foto: G. Köhler

Abb. 163. Nähern sie sich nicht von oben. Die Bartagame bekommt sonst Angst und zeigt Abwehrreaktionen.   Foto: U. Schuster

Abb. 164. Mit einem Leckerbissen gewöhnt sich das Tier an die Hand.
Foto: K. Grießhammer

Abb. 165. Schließt die Bartagame die Augen, so wird es ihr unbehaglich.
Foto: K. Grießhammer

Abb. 166. Nähern sie sich nur langsam und ohne hektische Bewegungen.
Foto: K. Grießhammer

Man darf die Agamen nie zu etwas zwingen oder versuchen mit ihnen zu spielen. Auch Erziehung oder Bestrafungen verstehen die Agamen nicht und sind pure Tierquälerei.

Der Biss einer großen Bartagame kann eine blutende Wunde verursachen, die eventuell chirurgischer Behandlung bedarf. Das sollte man stets beachten. Man darf nicht vergessen, dass auch Terrarienzuchten nachgezüchtete Wildtiere sind und jede Annäherung des Tieres an den Menschen ein Geschenk und keine Selbstverständlichkeit ist.

Manche Tiere kommen auch von sich aus zum Pfleger und ruhen sich bei oder auf ihm aus. Nicht alle Tiere sind dem Menschen gegenüber gleich tolerant, und manche bleiben auch recht wild und vermeintlich aggressiv.

Ein untrügliches Zeichen der Angst oder Unzufriedenheit ist es, wenn sie sich auf den Boden pressen und die Augen schließen. Sehr häufig wird diese Verhaltensweise als Anzeichen für Genuß und Entspannung falsch

Abb. 167. Diese Bartagamen haben Vertrauen zu ihrem Pfleger gefasst.   Foto: J. Pichler

Bartagamen und Kinder

Nicht erst seit "Jurassic-Park" sind Kinder begeisterte Fans zahlreicher Dinosaurier. Aber auch die heute lebenden Reptilien verfehlen nicht ihre Faszination. In Zoohandlungen haben Kinder oftmals ein erstaunliches Geschick, ihre Eltern dazu zu bewegen, sich ein Haustier mit nach Hause zu nehmen. Kleine possierliche Bartagamen gehören hier zu den Favoriten unter den Reptilien.

Heimtiere können in einer zunehmend naturentfremdeten Gesellschaft einen wertvollen Beitrag zur Erziehung darstellen. Die Erziehungsberechtigten müssen jedoch bedenken, dass die Aufnahme von Reptilien die Übernahme einer großen Verantwortung mit sich bringt – vor allem da ein Großteil der Arbeit erfahrungsgemäß an den Eltern hängen wird.

Prüfen Sie, ob Sie den Bartagamen optimale Bedingungen bieten können und ob sie selbst auch Interesse an einem beschuppten Haustier mitbringen. Ist der Umgang mit Bartagamen in aller Regel gefahrlos, sollte doch immer an den potentiell gefährlichen Biss und auch mögliche Infektionen gedacht werden. Die Tiere sollten nur unter Aufsicht von den Kindern betreut werden, ein Terrarienschloss ist in diesem Zusammenhang sehr empfehlenswert. Das Umhertragen und Spielen mit den Bartagamen ist für die Tiere schädlich, auch wenn sie es scheinbar geduldig über sich ergehen lassen.

interpretiert. Unter Haltern wird immer wieder diskutiert, ob die Echsen ihren Pfleger von anderen Menschen unterscheiden können. Es gibt für beide Auffassungen Hinweise, wissenschaftliche Arbeiten zu diesem Thema sind uns aber nicht bekannt. Die hohe Toleranz der Bartagamen dem Menschen gegenüber ist nur bei *Pogona vitticeps* und *Pogona henrylawsoni* stark ausgeprägt. Die anderen Arten vermeiden den direkten Kontakt zum Menschen wesentlich stärker.

Die kommerzielle Zucht

Bartagamen sind populäre Terrarienpfleglinge, haben eine hohe Reproduktionsrate, ein schnelles Wachstum und manche Farbvariationen haben einen hohen Marktwert. Dies sind alles Kriterien, die diese Tiere für professionelle Züchter interessant machen. Andere Faktoren limitieren aber den marktwirtschaftlichen Nutzen: Bartagamen ernähren sich zu einem hohen Anteil von Insekten (neben vegetarischer Kost), benötigen je nach geografischem Standort viel Strom und die Jungtiere können wegen innerartlicher Aggressivität nur in kleinen Gruppen aufgezogen werden. In warmen Bereichen der USA und in Spanien haben sich dennoch einige Zuchtfarmen etabliert. Um die Stromkosten niedrig zu halten, werden die Agamen in kleinen Gruppen in gewächshausähnlichen Gebäuden gepflegt, in denen nur in besonders kühlen Klimaperioden zusätzlich eine Beheizung eingesetzt werden muss. In Deutschland ist diese Art der Haltung aufgrund der klimatischen Bedingungen natürlich nicht möglich.

Durch die Unverträglichkeit werden pro Behälter meist nur ein bis zwei Männchen mit bis zu sechs Weibchen vergesellschaftet. Der hohe Futter-

Abb. 168. Die Farm "Agama International" in Alabama.   Foto: B. Langerwerf

bedarf der Agamen wird durch den Anbau von Futterpflanzen und eine eigene Insektenzucht gedeckt. Um die Arbeitszeit zu verkürzen, eine genauere Übersicht über die Wasseraufnahme der einzelnen Tiere zu haben und hygienische Bedingungen zu schaffen, werden nur zweimal wöchentlich größere Wasserbassins in die Freilandterrarien gestellt. Die Jungtiere können nur in kleinen Gruppen aufgezogen werden, um aggressives Verhalten und das stressbedingte Zurückbleiben einzelner Tiere zu verhindern. Dieses ist recht arbeitsintensiv, aber unabdingbar. Um Inzucht zu vermeiden und bei Farbzüchtungen den Überblick über den genetischen Ursprung zu haben, ist das Führen eines Zuchtbuches, in dem Ursprung und Entwicklung jedes Individuums sorgfältig aufgezeichnet werden, nötig.

Abb. 170. Zuchtpärchen von *P. vitticeps* auf "Agama International".   Foto: B. Langerwerf

Abb. 169. Mit Schutzgittern werden die Gehege vor Vögeln geschützt. Foto: B. Langerwerf

Beim Versand der Tiere zu Groß- und Einzelhändlern oder auch zu privaten Pflegern müssen die Transportzeiten im Vergleich zu anderen Arten sehr kurz gehalten werden, da die Bartagamen sehr empfindlich auf diesen Stress reagieren und bereits nach wenigen Tagen des Transports sterben können (B. LANGERWERF pers. Mitt.).

Ein großes Problem kann sich mit dem Einschleppen von Parasiten (Coccidien, Nematoden, Milben) ergeben. In freier Wildbahn leben nur wenige Tiere pro Quadratkilometer und der Kot wird recht schnell den biologischen Kreisläufen zugeführt. In den Freilandterrarien leben die Tiere jedoch auf recht engem Raum und kommen unweigerlich mit dem eige-

Abb. 171. Nachzuchttiere der Farm "Agama International".   Foto: B. Langerwerf

Abgabe von Bartagamen

Wenn sich Nachzucht einstellt oder wenn sich Ihre Lebensumstände ändern und Sie nicht mehr genügend Zeit für Ihre Tiere haben, sollten Sie sich baldmöglichst um neue Pfleger bemühen. Eine kurzfristige Vermittlung ist oft nicht möglich und geht meist auf Kosten der Tiere. Geben Sie die Tiere nur ab, wenn Sie sich sicher sind, dass die neuen Besitzer über ausreichend Platz und Sachkenntnis verfügen und echtes Interesse an den Tieren haben. Am besten Sie besuchen den neuen Pfleger und schauen sich die Gegebenheiten an.

Gelegentlich findet man Bekannte, die Tiere übernehmen können. Üblicherweise muss man aber Kleinanzeigen schalten. Das Anzeigenjournal der Deutschen Gesellschaft für Herpetologie und Terrarienkunde (DGHT), Fachzeitschriften, lokale Kleinanzeigenjournale und verschiedene Homepages bieten die Möglichkeit, Tiere anzubieten. Auch der spezialisierte Zoofachhandel nimmt gelegentlich Tiere an.

Auch wenn Sie selbst das Interesse an den Bartagamen verlieren und sich dieses in mangelnder Pflege äußert, sollten Sie Ihre Einstellung überdenken.

Setzen Sie Bartagamen niemals aus, denn das würde schon bald mit dem oftmals qualvollen Tod des Tieres enden.

nen Kot und dem der anderen Agamen in Kontakt. Das Immunsystem der Bartagamen ist hierfür nicht vorbereitet und eingeschleppte Parasiten können sich rasch im ganzen Bestand verbreiten. Hier zeigt sich ein Nachteil der relativ großflächigen und naturalistisch eingerichteten Terrarien, da es sehr schwer sein kann, diese zu desinfizieren.

Zeichnungsvarianten und Farbzüchtungen

Abb. 172. Paarung von besonders attraktiv gefärbten Bartagamen auf der "Sandfire Dragon Ranch".   Foto: R. Mailloux

Besonders von *Pogona vitticeps* gibt es im Freiland zahlreiche Farbformen und Zeichnungsvarianten, die als Anpassung an den unterschiedlichen Untergrund entstanden sind. So sind rot gefärbte Bartagamen auf rotem Sand optimal getarnt und je feiner die Körnung des Untergrundes, desto feiner ist auch die Zeichnung der Bartagamen. Anfang der neunziger Jahre kamen einige besonders attraktiv gezeichnete Bartagamen in die USA und werden seitdem nach bestimmten Zuchtvorstellungen weiter selektiert. Bei der großen Menge gezüchteter Tiere kommt es gelegentlich auch vor, dass durch Genmutationen lebensfähige Tiere mit außergewöhnlichen Farben oder Zeichnungen auftauchen, die weitergezüchtet werden.

Diese Bartagamen erzielen durch eine starke Nachfrage hohe Preise auf dem Markt, bis dieser gesättigt ist. Danach fallen die Preise wieder erheblich. Wer sich Bartagamen mit einer besonderen Färbung anschaffen und mit diesen sogar weiter züchten möchte, sollte einige Punkte beachten. Zunächst muss man bedenken, dass die Erhaltung und Intensivierung bestimmter Farbformen überwiegend durch Inzucht erfolgt. Inzucht birgt jedoch immer das Risiko, dass sich genetische Schäden in die Zucht einschleichen können, die sich negativ auf die Lebensqualität der Bartagamen auswirken können bzw. in manchen Fällen letal sind. Unbedingt empfiehlt es sich, Tiere aus verschiedenen, nicht verwandten Zuchtlinien zu verwenden, die die gewünschten Merkmale aufweisen.

Die meisten Farbformen, durch intensive unüberlegte Zucht mittlerweile auch zahlreiche Normalformen, neigen dazu, kleiner zu bleiben. So weisen die Schlüpflinge mancher Zuchtlinien von *P. vitticeps* im Schnitt nur 2,5 g oder weniger auf, während andere Zuchtlinien über 3,5 g Schlupfgewicht haben! Aber auch die Farbmutationen selbst könnten den Tieren schaden. So setzen die Tiere ihre Körperfärbung zur Thermoregulation und zur inner-artlichen Kommunikation ein (vgl. Kapitel "Verhalten"; S. 28ff). Eine ver-änderte Pigmentierung kann dieses natürliche Verhalten stören. Gerade sehr helle oder sogar albinotische Formen können mit der benötigten sehr hellen Lichteinstrahlung Proble-me bekommen. Bartagamen mit extre-men Farbmutationen haben oftmals eine erhöhte Krankheitsanfälligkeit und verkürzte Lebenserwartung.

Bei den zahlreichen teils spektakulä-ren Bildern sollte man aber bedenken, dass die meisten dargestellten Bart-agamen aus den Freilandanlagen der Züchter stammen. In den dunkleren Zimmerterrarien erreichen sie nur sel-ten diese Farbbrillanz.

Abzulehnen ist der Versuch, die Farbintensität der Agamen durch Futterzusätze (Farbstoffe) zu steigern, da dies zu Gesundheitsschäden bei den Tieren führen kann.

Zeichnungsvarianten

Hyperxanthische Variante

Tiere mit hohem Rotorange- oder Gelbanteil werden als hyperxanthisch bezeichnet. Dabei kann die normale Rückenzeichnung weitgehend überlagert sein, so dass die Tiere praktisch zeich-nungslos erscheinen. Inzwischen sind mehrere Linien der "Red/Gold morph" eta-bliert. Die Farbform, die zuerst auf der "Sandfire Dragon Ranch" selektiv gezüch-tet wurde, wird als "Sandfire" gehandelt. Weitere hyperxanthische Linien sind "Sandfire Yellow" (Agamen mit hohem Gelbanteil), "Sandfire gold" (mit intensiver Gelborange-Färbung), "Blood Orange" und "Blood" (intensiv blutrot gefärbt). Nur bei Freilandhaltung mit hoher Sonnenein-strahlung entwickeln diese Agamen die volle Farbintensität. Oft zeichnen sich die hyperxanthischen Linien durch geringe Fruchtbarkeit, schlechte Schlupfrate und hohe Ausfälle bei der Aufzucht aus (VOSJOLI et al. 2001).

Tigervariante

Bartagamen mit markanten hellen Querbändern, die über den Rücken verlau-fen, werden als "Tiger"-Variante bezeich-net.

Abb. 173. 3 Monate altes Jungtier der "Orange German Giant"-Variante. Je älter das Tier wird, desto intensiver der Farbton. Gleiches Tier wie Abb. 180.
Foto: L. Dodd

Längsgestreifte Variante

Viele Jungtiere zeigen eine mehr oder weniger deutliche Längsstreifung des Rückens, die aber im Laufe des Wachstums meist verloren geht. Individuen, die auch als adulte Tiere noch ein Paar deutlicher heller Längsstreifen auf dem Rücken aufweisen, werden als "Längsgestreifte Variante" bezeichnet.

Hypomelanistische Variante

Bartagamen mit reduzierter dunkler Pigmentierung sind hypomelanistisch. Solange die Augen pigmentiert sind, handelt es sich auch bei sehr blass wirkenden Tieren nicht um Albinos (diese haben rote oder rosafarbene Augen). Bei hypomelanistischen Bartagamen ist die Krallenbasis hell gefärbt. Mehrere hypomelanistische Linien wurden etabliert: Die "Pastel"-Variante zeigt Rotorangeanteile auf gelborangener oder blass rosa Grundfarbe. Die "Salmon"-Variante zeigt einen hohen Gelbanteil auf hellgrauem Grund, während es sich bei der "Sunburst"-Variante um gelbliche Tiere mit Melaninmangel handelt.

Die "Snow"-Variante ist überwiegend weiss mit markantem goldenen Augenring. Schlüpflinge der "Snow"-Variante sind durchscheinend rosa gefärbt und nehmen innerhalb weniger Tage eine durchscheinend beige Färbung an. Mit jeder Häutung werden die Tiere heller, bis sie mit etwa vier Monaten nahezu weiß sind mit kaum noch auszumachender Zeichnung.

Leucistische Variante

Leucistische Bartagamen sind einfarbig hell grau gefärbt mit bläulichen Augenlidern.

Abb. 174. "Sandfire"-Variante.
Foto: R. Mailloux

Abb. 175. "Snow"-Variante.   Foto: K. Dunne
Dragon's Den Herpetoculture

127

Abb. 176. "Blood"-Variante.   Foto: K. Dunne
Dragon's Den Herpetoculture

Abb. 179. "Blood"-Variante (subadult).
Foto: K. Dunne, Dragon's Den Herpetoculture

Abb. 177. Jungtiere der "Blood"-Variante.
Foto: K. Dunne, Dragon's Den Herpetoculture

Abb. 180. Jungtier der "Orange giant"-
Variante.   Foto: L. Dodd

Abb. 178. "Blood orange"-Variante (Weibchen).   Foto: K. Dunne, Dragon's Den Herpetoculture

Abb. 181. "Sandfire"-Variante.
Foto: R. Mailloux

Abb. 182. "Salmon"-Variante. Foto: K. Dunne, Dragon's Den Herpetoculture

Abb. 185. Jungtiere der "Salmon"-Variante. Foto: K.Dunne, Dragon's Den Herpetoculture

Abb. 183. "Sunburst"-Variante. Foto: K. Dunne, Dragon's Den Herpetoculture

Abb. 186. Jungtiere der "Sunburst"-Variante. Foto: K. Dunne, Dragon's Den Herpetoculture

Abb. 184. "Snow"-Variante. Foto: K. Dunne, Dragon's Den Herpetoculture

Abb. 187. Jungtiere der "Snow"-Variante. Foto: K. Dunne, Dragon's Den Herpetoculture

Artenteil

Bestimmungsschlüssel für die Arten und Unterarten der Bartagamen

1a Zentrum der Kehle mit vergrößerten Stachelschuppen (e,f) **2**

b Zentrum der Kehle ohne vergrößerte Stachelschuppen (g,h,j) **4**

2a Rücken und Schwanz mit auffälligen weißen Querbändern; 91-125 Schuppen um Körpermitte *Pogona nullarbor*

b Rücken und Schwanz ohne auffällige weiße Querbänder; 101-175 Schuppen um Körpermitte **3**

3a Körperseite mit einer (selten zwei) regelmäßigen Längsreihe(n) von Stachelschuppen; Occipitalquerreihen bilden eine fast gerade Linie (b) .... *Pogona vitticeps*

b Körperseite mit 3-8 Reihen von Stachelschuppen, deren Spitzen in verschiedene Richtungen weisen bzw. mit einem Längsband von unregelmäßigen Stachelschuppen; Occipitalquerreihen bilden einen deutlichen Winkel (a) .... *Pogona barbata*

4a Körperseite mit 3-8 Reihen von Stachelschuppen, deren Spitzen in verschiedene Richtungen weisen bzw. mit einem Längsband von unregelmäßigen Stachelschuppen .... *Pogona microlepidota*

b Körperseite mit einer (selten zwei) regelmäßigen Längsreihe(n) von Stachelschuppen **5**

5a Verhältnis Schwanzlänge / KRL <1,15; Kopfform (dorsale Ansicht) rundlich; 6-12 Präanofemoralporen; 4. Zehe mit 14-18 Subdigitallamellen .... *Pogona henrylawsoni*

b Verhältnis Schwanzlänge / KRL >1,15; Kopfform (dorsale Ansicht) nahezu dreieckig; 10-18 Präanofemoralporen; 4. Zehe 16-28 Subdigitallamellen **6**

6a Kopf länger als breit; Rückenfärbung meist überwiegend grau; Stacheln der Occipital-Querreihe in der Regel klein und keine kontinuierliche Reihe bildend (d) **7**

b Kopf etwa so breit wie lang; Rückenfärbung meist überwiegend gelblichbraun oder rötlichbraun; Stacheln der Occipital-Querreihe in der Regel deutlich vergrößert und je eine kontinuierliche Reihe bildend (i); Occipital-Querreihe trifft in einem Winkel von weniger als 90° auf die supraauricularen Längsstachelreihen .... *Pogona mitchelli*

7a Hinterbeinlänge beträgt 60-77% der KRL; endemisch auf den Houtman Abrolhos Inseln .... *Pogona minor minima*

b Hinterbeinlänge beträgt 47-72% der KRL; weit verbreitet im westlichen und westlich-zentralen Australien .... *Pogona minor minor*

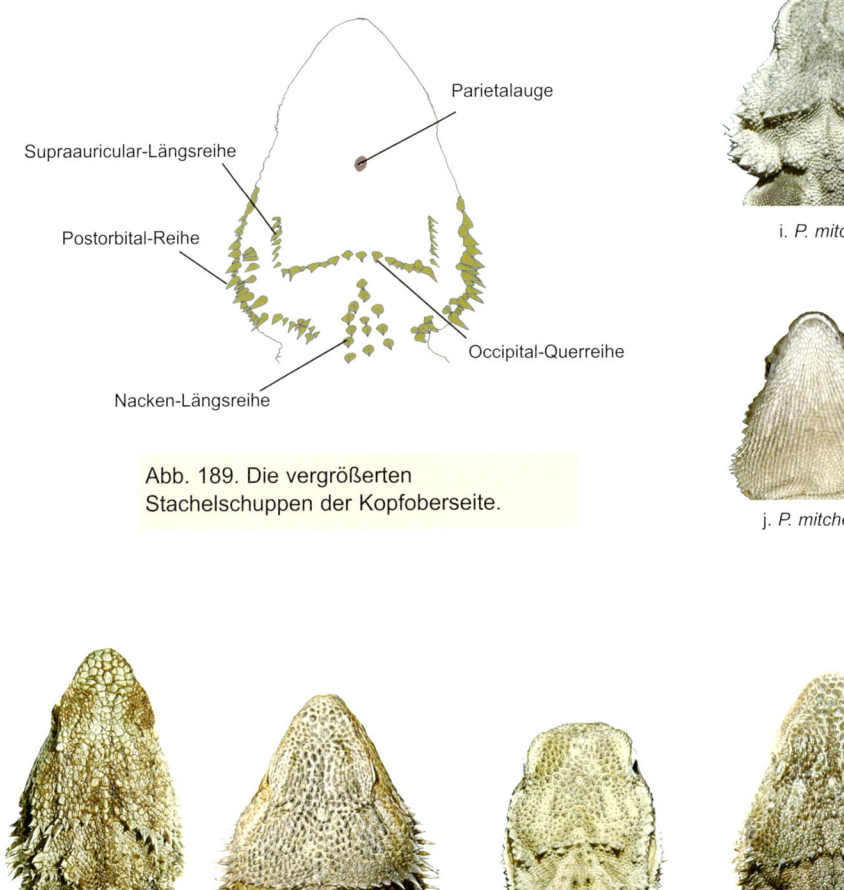

Parietalauge

Supraauricular-Längsreihe

Postorbital-Reihe

i. *P. mitchelli*

Occipital-Querreihe

Nacken-Längsreihe

Abb. 189. Die vergrößerten
Stachelschuppen der Kopfoberseite.

j. *P. mitchelli*

a. *P. barbata*

b. *P. vitticeps*

c. *P. henrylawsoni*

d. *P. minor*

e. *P. barbata*

f. *P. vitticeps*

g. *P. henrylawsoni*

h. *P. minor*

Kopfansichten bei verschiedenen *Pogona*-Arten.

Fotos: G. Köhler

133

Merkmal	barbata	henrylawsoni	microlepidota	minor minor	minor minima	mitchelli	nullarbor	vitticeps
Pränasalia	4-6	3-5	4-6	3-7	4-5	3-6	3-6	3-7
Subnasalia	3-5	3-5	3-5	2-5	3-4	3-6	3-5	3-6
Internasalia	9-13	9-12	11-13	7-13	7-13	9-13	9-13	8-13
Rostrale-Parietale	12-18	14-21	18-21	12-18	11-15	11-20	13-18	11-20
Subocularia	4-5	4-5	4-5	3-5	3-4	3-6	3-5	4-5
Supralabialia	14-19	13-16	15-18	13-19	12-16	14-19	13-18	15-20
Sublabialia	14-18	12-16	12-16	11-17	12-15	13-17	12-16	13-19
Schuppen KM	101-175	97-119	116-139	99-127	82-120	90-122	91-125	119-164
Subdigitallamellen	18-26	14-18	22-23	16-28	22-28	19-27	17-23	18-26

Tabelle: Beschuppungsmerkmale der Arten und Unterarten der Gattung *Pogona* (Daten nach WITTEN 1994).
Rostrale-Parietale = Anzahl Schuppen zwischen Rostrale und Parietale.

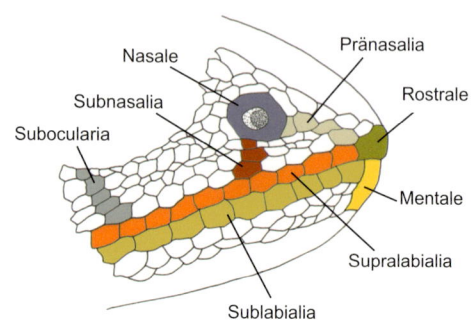

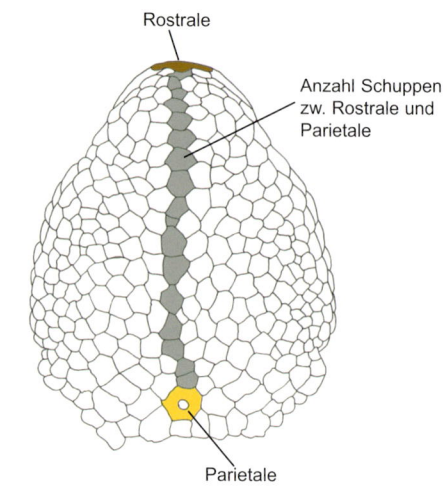

Abb. 190-191. Beschuppung des Kopfes einer Bartagame.

Die Arten der Bartagamen

Östliche Bartagame

1807 *Stellio discosomus* PERON, Voyage de Découvertes Aux Terres Australes, … Vol. 1: 404; Terra typical: Parramatta, west of Sydney, Australien (Nomen oblitum fide SHEA 2000).

1829 *Agama barbata* CUVIER, Le Regne Animal 35; Terra typica: "Nouvelle-Hollande".

Beschreibung: *Pogona barbata* ist eine großwüchsige Bartagame und erreicht eine Kopf-Rumpflänge (KRL) bis 250 mm und eine Gesamtlänge (GL) bis 580 mm, in Ausnahmefällen sogar bis zu 750 mm. Die relative Schwanzlänge (SL/KRL) beträgt bei adulten Exemplaren 1,26-1,40 (bei Jungtieren 1,38-1,52) (BADHAM 1976). Die Weibchen werden ab einer KRL von etwa 130 mm geschlechtsreif (BADHAM 1976). Der "Bart" ist bei dieser Art mit großen Stachelschuppen sehr gut entwickelt. In Ruhestellung ist der "Bart" nach hinten zusammen-

Abb. 192. Drohendes Männchen von *Pogona barbata* im Terrarium.   Foto: U. Schuster

Abb. 193. *Pogona barbata* in Brisbane (Queensland).   Foto: B. Eidenmüller

gefaltet und reicht bis zum Ansatz der Vorderbeine. Wird die Kehle nur leicht aufgestellt, so erscheint diese in der Kehlmitte wie eingekerbt, denn im Vergleich zu *P. vitticeps* fehlen beim Zungenbeinapparat zwei mittlere Knorpelstrahlen (die zweiten Ceratobranchialspangen). Die Innenseite des Mauls ist bei Wildfängen leuchtend gelb. Dies verliert sich aber bei Nachzuchttieren und ist dann, wie bei den meisten Bartagamen, blass rosa.

Der Kopf ist relativ schmal und lang gezogen. Der Canthus rostralis ist deutlich entwickelt. Ein Autor (N.S.) besaß aber eine etwa 70 cm lange *P. barbata*, bei der der Kopf wie bei *P. vitticeps* genauso breit wie lang war. Das Trommelfell ist fast dreieckig und liegt nur leicht vertieft. Die Glied-

maßen sind relativ kurz; der Körper ist schlank, ist dorsoventral abgeflacht und oft etwas faltig. Daher wirken die Tiere manchmal etwas ausgemergelt. Die Stachelschuppen des Kopfes sind relativ dünn, aber lang. Deshalb fühlen sie sich recht weich an. Die Occipital-Querreihe verläuft in einem Bogen (Ausbuchtung Richtung Schnauzenspitze) und berührt nur im Ausnahmefall die supraauricularen Längsreihen, ist aber kontinuierlich mit den Nackenlängsreihen. Gruppen von Stachelschuppen befinden sich oberhalb des Trommelfells sowie am Hinterhaupt und am Mundwinkel. Kehlregion mit vergrößerten Stachelschuppen. Die Rückenschuppen sind heterogen (vergrößerte gekielte Schuppen sind in die feinere Grundbeschuppung eingestreut). An den

Seiten verlaufen vier Stachelschuppenreihen. Die Bauchschuppen sind gekielt. Es sind 11-19 Präanofemoralporen vorhanden. Zu weiteren Beschuppungsmerkmalen siehe Tabelle S. 134. Der Schwanz ist im Querschnitt rund mit Wirteln aus leicht vergrößerten Schuppen (Abstand zwischen den Wirteln etwa drei Schuppenreihen). Vom Trommelfell bis zu den Augen verläuft ein dunkler, oben hell begrenzter Streifen (Augenzügel).

Die Körperoberseite wird von einem düsteren Grau, Graubraun dominiert und weist eine hellgraue Rautenzeichnung auf. Die Bauchseite ist hellgrau, oft mit einem Ozellenmuster. Bei hohen Temperaturen können sich der Kopf und die Flanken gelb oder gelborange färben. Die Kehle kann bei Erregung dunkel, beim Männchen sogar tiefschwarz werden. Bei hohen Temperaturen kann der Schwanz eine Ringelzeichnung mit Gelb und schwärzlich Blau annehmen. Die prächtigsten Farben haben *P. barbata* von der Eyre-Halbinsel. Im südöstlichen Hochland Australiens sind melanistische Exemplare nicht selten (JENKINS & BARTELL 1980). Bei männlichen Tieren kann man die deutlich ausgeprägten Hemipenistaschen meist gut erkennen.

Verbreitung, Lebensraum und Lebensweise: *Pogona barbata* ist im östlichen Australien (bis ca. 150 km ins Landesinnere) von Cooktown im Norden bis Südaustralien (außer Cape York Halbinsel und Tasmanien) verbreitet. Die südliche Verbreitungsgrenze liegt etwa bei Bega, das westlichste Vorkommen ist in der Region von Adelaide und der nördlichste Fundort ist Cooktown. Isolierte Populationen kommen in den südlichen Mt. Lofty-Bergen und auf der Eyre-Halbinsel vor. Letztere sind die farbigsten Vertreter ihrer Art, weshalb sie manchmal als Nullarbor-Bartagame fehlbestimmt werden. *Pogona barbata* lebt in Savannen, Buschland, Baumsteppen und Trockenwald.

Abb. 194. Lebensraum von *Pogona barbata* im Royal Nationalpark (Sydney).
Foto: B. Eidenmüller

Charakterpflanzen im Trockenwald sind Akazien, Südbuchen und Eukalyptus. Auf der östlichen Seite der Great Dividing Ranches, einem Mittelgebirge, ist es relativ feucht, da die Winde vom Pazifik auch Regenwolken zur Küste treiben. Westlich von diesem Gebirge ist es deutlich trockener. Im südlichen Teil des Verbreitungsgebietes ist es während des australischen Winters (Mai bis September) recht kalt und regnerisch; zum Teil fällt auch Schnee. Dann überwintern die Agamen in selbstgegrabenen Erdhöhlen, die die Tiere von innen verschließen (RANKIN 1977). Im Sommer hingegen ist es dort trocken und heiß mit kühlen Nächten.

Dank ihrer großen Anpassungsfähigkeit sind sie vielerorts zu Kulturfolgern geworden. Nicht selten sitzen Bartagamen auf Zäunen oder Telegrafenmasten. So bezeichnet DALE (1973) die Bartagame in den Vororten von Brisbane als häufig. Die Agamen können dort in den Vorgärten beim Fressen von Blüten beobachtet werden.

Ihre Nahrung besteht aus Insekten, Gliedertieren und Pflanzen, sehr gern gelben Blüten und Kleinsäugern. In Südaustralien halten Bartagamen eine Winterruhe, da es dort sehr kalt werden kann. Als Fressfeinde kommen Vögel (u.a. Greifvögel) in Frage. An Reptilien haben vor allem Großwarane und Riesenschlangen (insbesondere der Schwarzkopfpython) als Fressfeinde Bedeutung. Gerade in Ostaustralien wird der Autoverkehr vielen

Abb. 195. Männliche *P. barbata* im Terrarium.
Foto: N. Schuster

Tieren zum Verhängnis. In Südaustralien werden Bartagamen auch Opfer von Insektiziden.

Die Paarung findet etwa zum Zeitpunkt der Ovulation statt (AMEY & WHITTIER 2000b). In der Umgebung von Laidley, Queensland, beginnen die Weibchen von *Pogona barbata* im August, Follikel anzubilden und produzieren bis Dezember zwei bis drei Gelege mit jeweils 14-26 Eiern (AMEY & WHITTIER 2000a). In New South Wales setzen die Weibchen von *P. bar-*

bata im Zeitraum September bis Dezember bis zu drei Gelege mit jeweils 8-35 Eiern in selbstgegrabenen Höhlen ab (SWAN 1990). Wenn das Weibchen ein Gelege absetzt, hat die Entwicklung des nächsten Geleges in Form von Follikelanbildung bereits begonnen (AMEY & WHITTIER 2000a). Die Weibchen sind während einer Fortpflanzungsperiode zu Spermien- speicherung fähig (AMEY & WHITTIER 2000a). Im natürlichen Lebensraum dauert die Inkubation der Eier je nach Lokalität (abhängig von Breitengrad und Höhenlage) zwei bis drei Monate (JENKINS & BARTELL 1980, EHMANN 1992)

Pflege und Zucht: Nach bisherigen Erfahrungen ist die langfristige Pflege und Zucht von *P. barbata* schwieriger als beispielsweise von *P. vitticeps* (N. SCHUSTER unveröff. Beob.). Wesent- liche Ursachen hierfür sind zum einen die innerartliche Unverträglichkeit bei *P. barbata* sowie ihre noch größere Anfälligkeit für Schnauzenverlet- zungen und Kieferabszesse. Trotz ein- zelner Fälle, bei denen eine Gruppen- haltung von *P. barbata* zu beachtlichen Zuchterfolgen führte, empfehlen wir, diese Art einzeln zu halten und nur zur Paarungszeit zusammenzusetzen. Die Männchen sind oftmals sehr aggressiv. Ein Weibchen wurde vom Männchen so heftig gebissen, dass es

in Folge seiner Kopfverletzungen starb (R. WICKER pers. Mitt.). Nach den bisherigen Erfahrungen wird *P. barbata* nicht so zutraulich wie z.B. *P. vitticeps.*

Nach der Winterruhe (Dezember bis Februar oder März) setzt die Paarungsbereitschaft ein. Während der Fortpflanzungsperiode produziert das Weibchen mehrere Gelege mit meist 15 bis 25 Eiern, maximal bis 35 Eiern pro Gelege (GREER 1989). Die Eier haben eine Länge von ca. 2,5-3,0 cm und eine Masse von 2-3 g. Durch Aufnahme von Wasser nehmen die Eier an Größe und Masse zu (KÖHLER 1997). Je nach Temperatur (25-29°C)

Abb. 196. Weißling von *P. barbata* im Terrarium.   Foto: A. Norris

139

Abb. 197. Nachzuchttier eines Weißlings von *P. barbata.*   Foto: A. Norris

Pogona henrylawsoni
(WELLS & WELLINGTON 1985)

Lawsons Bartagame

1985 *Pogona henrylawsoni,* WELLS & WELLINGTON, Australian J. Herpetol., Suppl. Series No. 1: 19; Terra typica: "118 km west of Richmond, Queensland", Australien.

1994 *Pogana brevis* WITTEN, Mem. Queensland Mus. 37 (1): 331; Terra typica: "Croydon, Queensland", Australien.

Systematik: Die als letzte beschriebene Bartagamenart, *Pogona henrylawsoni*, sorgte für einige Verwirrung und kontroverse Diskussion. Anfang der 80er Jahre kam eine trächtige Bartagame nach Deutschland, die wissenschaftlich noch nicht beschrieben war. Die Art wurde informell zunächst als *Amphibolurus "rankini"* bekannt, ohne je wissenschaftlich unter diesem Namen beschrieben worden zu sein. Erst 1985 folgte durch WELLS & WELLINGTON die formale, wenn auch nicht gerade fundierte Beschreibung dieser kleinen Bartagame; sie benannten die Art nach dem australischen Dichter und Philosophen Henry Lawson *Pogona henrylawsoni*. Kurz darauf stellte der Präsident der Australian Society of Herpetologists einen Antrag an die International Commission of Zoological Nomenclature mit dem Ziel, die Arbeit von WELLS & WELLINGTON (1985) in ihrer Gesamtheit als nomenklatorisch ungültig erklären zu lassen (PRESIDENT, AUSTRALIAN SOCIETY OF HERPETOLO-

schlüpfen die Jungtiere nach 63-95 Tagen (BUSTARD 1966, SCHAFER 1979). Sie haben beim Schlupf eine Gesamtlänge von 75-100 mm bei einer KRL von etwa 40 mm und einer Masse von 2,8-3,0 g (SWAN 1990, N. SCHUSTER unveröff.). Die kleinen Bartagamen haben eine schiefergraue, fast schwarze Farbe und ovale hellgraue Flecken beidseitig der Wirbelsäule. Charakteristisch sind drei graue Punkte auf der Schnauzenspitze, die aber auch ineinander laufen können. Die ersten zwei bis vier Wochen können die Jungtiere in größeren Gruppen gehalten werden. Dabei müssen die Jungtiere genau beobachtet werden, um gestresste oder zu dominante Tiere von der Gruppe zu isolieren. Ansonsten sollten die Jungtiere am besten einzeln aufgezogen werden.

GISTS 1987). In der wissenschaftlichen Gemeinschaft gab es daraufhin eine jahrelange und sehr kontroverse Diskussion über den Vorschlag. Da es nicht Aufgabe der Nomenklaturkommission ist, sich bei taxonomischen Fragen einzumischen, wurde der Antrag nicht angenommen. Somit hat die Beschreibung von *Pogona henrylawsoni* WELLS & WELLINGTON 1985 volle Gültigkeit. Die später von WITTEN (1994) beschriebene *P. brevis* ist ein Synonym von *P. henrylawsoni* (vgl. auch Anmerkungen bei SHEA 1995).

Abb. 198. *Pogona henrylawsoni* (Winton, Queensland). Foto: P. Horner

Beschreibung: *Pogona henrylawsoni* ist eine mittelgroße, kurzschwänzige Bartagame, die eine KRL von 130 mm bei einer SL 170 mm und einer GL etwas über 300 mm erreicht. Bei dieser Art werden die Weibchen meist größer als die männlichen Tiere. Der Kopf hat eine rundliche Form (Canthus rostralis schwach entwickelt.). Der "Bart" ist nicht ausgeprägt. Am Kopf befinden sich mittelgroße Stacheln. Die Occipital-Querreihe ist leicht V-förmig, aber geschwungen. Die einzelnen Stacheln berühren sich nicht. Die Querstachelreihe trifft nicht auf die Längsstachelreihen. Diese schwingen nach unten, teilen sich, laufen um die kleinen ovalen Ohröffnungen herum, während die andere Stachelreihe Richtung Nacken läuft. Gruppen von Stachelschuppen befinden sich oberhalb des Trommelfells sowie am Hinterhaupt und am Mundwinkel. Kehlregion ohne quer verlaufende Reihen vergrößerter Stachelschuppen. Die Rücken-schuppen sind heterogen (vergrößerte gekielte Schuppen sind in die feinere Grundbeschuppung eingestreut). An den Seiten verläuft eine regelmäßige Stachelschuppenreihe. Die Bauchschuppen sind glatt oder schwach gekielt. Es sind 6-12 Präanofemoralporen vorhanden. Zu weiteren Beschuppungsmerkmalen siehe auch Tabelle S. 134. Um die Ohröffnung verläuft oft ein rotoranger Fleck und vom Ohr zum Auge ein dunkler, hell begrenzter Streifen. Die hellgraue Kehle ist unregelmäßig braun längsgestreift. Der gedrungene Körper ist orange-braun. Auf dem Rücken befinden sich zu beiden Seiten der Wirbelsäule je vier ovale graue Flecken. Ein fünftes Paar befindet sich auf Beckenhöhe. Die Rückenflecken können längsseitig ineinander laufen. Manche Individuen sind nahezu zeich-

141

Abb. 199. Fundort von *Pogona henrylawsoni* (Nähe von Winton, Queensland).

Foto: B. Eidenmüller

nungslos. Der Schwanz ist unregelmäßig dunkelbraun und grau gebändert. Die Körperunterseite und die ersten zwei Drittel der Schwanzunterseite sind beige-braun. Das letzte Drittel der Schwanzunterseite ist hellbraun. Oft zeigen sich auf dem Bauch dunkel umrandete helle Flecken (Ozellen).

Verbreitung, Lebensraum und Lebensweise: *Pogona henrylawsoni* lebt auf schweren, grau-braunen Böden, sogenannten Schwarzerdeböden (Böden der semihumiden Zone) im zentralen und westlichen Queensland (von Almora im Norden bis Longreach im Süden und von Urandangi im Westen bis zum Lake Buchanan im Osten). Die nahezu baumlosen Flächen sind durchsetzt mit Büschelgras und niedrigen Büschen. In die-sem steppenartigen Lebensraum konzentrieren sich die Niederschläge (400-800 mm jährlich) auf die Sommermonate. Während längerer Trockenperioden kommt es im Boden zu Trockenrissen und Spaltenbildung. Da die Schwarzerdeböden landwirtschaftlich genutzt werden und gutes Weide- bzw. Ackerland sind, sind bereits große Flächen des natürlichen Lebensraumes von *P. henrylawsoni* vom Menschen zu Agrarflächen umgewandelt worden.

Die Individuendichte von *Pogona henrylawsoni* im natürlichen Lebensraum scheint recht gering zu sein (EHMANN 1992). Bei Bedrohung ziehen sich die Echsen in Erdspalten oder Löcher zurück. *Pogona henrylawsoni* scheint dem Bodenleben mehr verhaftet zu sein als andere Bartagamen, denn sie klettern von allen Arten am ungeschicktesten. Ansonsten verhält sich *P. henrylawsoni* wie die anderen Bartagamen. Als Beutegreifer kommen viele Vögel, Raubsäuger (Beutler), Schlangen und Echsen in Betracht, unter anderem auch der größere "Vetter" *Pogona vitticeps*! SHEA (1995) berichten von einer Giftnatter (*Pseudechis colletti*), die eine *P. henrylawsoni* auswürgte.

Trächtig gefangene Weibchen (KRL 120 mm bzw. 117 mm) von *Pogona henrylawsoni* enthielten fünf bzw. neun Eier (SHEA 1995). Ansonsten wurden keine Daten zur Freilandbiologie dieser Art veröffentlicht.

Pflege und Zucht: *Pogona henrylawsoni* ist nach *P. vitticeps* die am häufigsten gepflegte Bartagame. In einem Terrarium kann man ein Pärchen oder ein Männchen mit zwei Weibchen zusammen pflegen. Für ein Pärchen *P. henrylawsoni* sollte das Terrarium mindestens 120x80x80 cm (LBH) groß sein. Die Männchen sind sehr unverträglich und bei Vergesellschaftung von zwei Männchen kommt es nach kurzer Zeit zum Beschädigungskampf, da das unterlegene Tier nicht flüchten kann. Selbst ein Blickkontakt mit einem Männchen in einem anderen Terrarium kann ausreichen, um Stress zu verursachen, der im Extremfall zum Tod der unterdrückten Agame führen kann (R. WICKER unveröff. Beob.). Günstig ist es, das

Abb. 200. *Pogona henrylawsoni* im Freilandterrarium. Foto: G. Köhler

143

Abb. 201. Männchen von *Pogona henrylawsoni* im Terrarium.   Foto: N. Schuster

Terrarium L-förmig zu konstruieren, so dass sich die Tiere aus der Sichtweite der vergesellschafteten Artgenossen begeben können. Dem Pfleger gegenüber werden Lawsons Bartagamen meist sehr zutraulich und nehmen angebotenes Futter aus der Hand. Schnauzenverletzungen und Kieferabszesse kommen relativ selten vor.

Die Weibchen von *P. henrylawsoni* produzieren Gelege mit 8-15, selten über 20 Eier. Ein Autor (N.S.) verlor ein Weibchen während der Trächtigkeit; es hatte etwa 24 Eier im Abdomen. Während einer Saison werden zwei bis

Abb. 202. Jungtiere von *Pogona henrylawsoni* beim Baden.   Foto: U. Dost

144

vier (ausnahmsweise auch bis fünf) Eiablagen pro Weibchen registriert (N. Schuster eigene Erfahrungen; R. Wicker pers. Mitt.). Die frisch abgesetzten Eier sind längsoval und etwa 20x10 mm groß. Im Verlauf der Inkubation nehmen sie an Größe zu und werden deutlich runder. Bei einer Inkubationstemperatur von 28-30 °C schlüpfen die Jungtiere nach 50-70 Tagen. Beim Schlupf messen die Jungen 55-80 mm KRL. Am zweiten bis dritten Lebenstag beginnen die Jungtiere meist mit der Nahrungsaufnahme.

Verhältnismäßig häufig treten Schlüpflinge mit verkrüppelten Schwänzen auf, was wahrscheinlich als genetischer Defekt zu deuten ist (Inzuchteffekt?). Die Tiere haben beim Schlupf

Abb. 204. Zu beachten ist die gelbe Mundschleimhaut bei *P. henrylawsoni*.
Foto: P. Horner

Abb. 203. *Pogona henrylawsoni*.
Foto: G. Köhler

einen so genannten Rollschwanz (vgl. S. 178). Wenn man diesen geradezieht und wieder loslässt, schnellt er wieder in eine Spiralform zurück. Auch Wirbelsäulenverkrümmungen (Skoliosen und Kyphosen) treten bei den Nachzuchttieren von *P. henrylawsoni* immer wieder auf (diese Tiere zeigen dann einen oder zwei "Buckel" auf dem Rücken). Diese Tiere müssen vom Tierarzt eingeschläfert werden, denn der Schaden ist irreparabel. Unter Terrarienbedingungen kann es zur Bastardierung von *P. vitticeps* und *P. henrylawsoni* kommen, weshalb eine strikte Trennung der Arten notwendig ist. Hybridformen sind bei der Zucht von Echsen generell abzulehnen!

Pogona microlepidota
(GLAUERT 1952)

Kimberley-Bartagame

1952 *Amphibolurus barbatus microlepidotus* GLAUERT, West. Austr. Nat. 3: 168; Terra typica: "Drysdale River Mission, North Kimberley", Western Australia, Australien.

Beschreibung: *Pogona microlepidota* ist eine mittelgroße, verhältnismäßig langbeinige Bartagame mit einem dorsoventral abgeflachten Körper, die eine KRL von 180 mm bei einer SL 360 mm und einer GL etwa 540 mm erreicht. Der Canthus rostralis ist deutlich entwickelt. Am Kopf befinden sich mittelgroße Stacheln. Die Occipital-Querreihe ist über der Ohröffnung deutlich von den Längsstachelreihen (bestehend aus festen konischen Stacheln) getrennt. Von der Querstachelreihe sind links und rechts die drei äußersten Stacheln mäßig lang, die restlichen klein. Auf dem Nacken befinden sich kleine Ansammlungen von Stacheln nahe der Mittellinie, weiter außen größere Ansammlungen von Stacheln. Die Kehle (Bart) ist stärker entwickelt als bei *P. minor* und *P. mitchelli*. Die Rückenschuppen sind heterogen (vergrößerte gekielte Schuppen sind in die feinere Grundbeschuppung eingestreut).

An den Körperseiten verlaufen 3-8 durchgehende große Reihen von Stachelschuppen, deren Spitzen in verschiedene Richtungen zeigen. Die Kehl- und Bauchschuppen sind stark gekielt und mucronat. Es sind 10-14 Präanofemoralporen vorhanden. Zu weiteren Beschuppungsmerkmalen siehe Tabelle S. 134. *Pogona microlepidota* ist auf dem Rücken grau-braun gefärbt und hat eine blass graue Unterseite. Die Lippengegend ist ebenfalls blass grau. Während der Paarungszeit sind die Männchen intensiver gezeichnet mit rötlich gefärbtem Kopf.

Abb. 205. Jungtier von *Pogona microlepidota*.
Foto: J. Weigel

Abb. 206. Der Lebensraum von *P. microlepidota* ist nur schwer zugänglich (Mitchell Plateau, Kimberleys, WA).
Foto: B. Eidenmüller

Verbreitung, Lebensraum und Lebensweise: *Pogona microlepidota* hat nur ein kleines Verbreitungsgebiet in den nordwestlichen Kimberleys, Westaustralien (STORR 1982). Südlich reicht das Areal der Art bis auf die Höhe von Walcott Inlet und Wyndham. Der Lebensraum von *P. microlepidota* ist überwiegend eine offene Baumsteppe, durchsetzt mit Sandstein, dunklem Basalt, Quarzen und Graniten; der Boden ist mit Spinifex überzogen (COGGER 1992). *Pogona microlepidota* muss mit extremen klimatischen Bedingungen zurechtkommen (sehr ausgeprägter klimatischer Jahreszyklus in Bezug vor allem auf die Verteilung der Niederschläge). So können von Dezember bis März sintflutartige Regenfälle das Biotop der Agamen fluten. In den Monaten April bis November kann die Vegetation komplett vertrocknen. In manchen Jahren fällt der heftige Regen komplett aus. Offensichtlich ist die Individuendichte in der Natur extrem niedrig, was auch in der geringen Zahl an verfügbaren Museumsexemplaren zum Ausdruck kommt (STORR 1982).

Pflege und Zucht: Nach unserem Kenntnisstand ist *Pogona microlepidota* bisher noch nicht im Terrarium gepflegt worden.

Abb. 207. Jungadultes Tier von *Pogona minor minor* (Nähe von Goongarrie, WA).
Foto: G. Shea

Abb. 208. *Pogona minor minima*.
Foto: P. Horner

Pogona minor (Sternfeld 1919)

Zwerg-Bartagame

1919 *Amphibolurus barbatus minor* Sternfeld, Senckenbergiana 1: 78; Terra typica: "Missionsstation Herrmannburg am oberen Finke-Flusse, südlich der Macdonnel-Ranges in Zentralaustralien", Australien.

Unterarten:
Pogona minor minor (Sternfeld 1919)
Pogona minor minima (Loveridge 1933)

1933 *Amphibolurus barbatus minimus* Loveridge, Proc. New England Zool. Club. 13: 69; Terra typical: "West Wallabi Island, Houtman's Albrolhos", Western Australia, Australien.

Systematik: Die Taxa *minor* und *minima* wurden beide als Unterarten von *Amphibolurus barbatus* beschrieben (Sternfeld 1919, Loveridge 1933). In ihrer Revision der *Amphibolurus barbatus*-Gruppe erhob Badham (1976) beide Unterarten in Artrang. Nach ihrer Auffassung kommt *minima* auf den Houtman Abrolhos Inseln sowie in weiten Teilen des südwestlichen Australiens vor, während *minor* weiter im Inland (im zentralen westlichen Australien) verbreitet ist. Storr (1982) hingegen reduzierte *minima* zur Unterart von *minor* und fasste *P. minor minima* als Endemit der Houtman Abrolhos Inseln auf. Badham (1976) verwendete das Vorhandensein einer deutlichen Nackenreihe von 5 oder mehr Stacheln beidseitig parallel zur Wirbelsäule als Hauptmerkmal zur Unterscheidung von *minima* gegenüber *minor*. Witten (1994a,b) konnte zeigen, das dieses Merkmal nicht zur Unterscheidung der beiden Taxa geeignet und auch keines der übrigen untersuchten Merkmale diagnostisch verwendbar ist. Nach heutigem Kenntnisstand sind deshalb *minor* und *minima* als artgleich aufzufassen. Ob die Bartagamen der Houtman Abrolhos-Inseln überhaupt als Unterart von den Festlandpopulationen abzugrenzen sind, werden zukünftige Studien zeigen.

Beschreibung: *Pogona minor* ist eine mittelgroße Bartagame mit einem dorsoventral abgeflachten Körper, die eine KRL von 149 mm bei einer SL 229 mm und einer GL etwa 375 mm erreicht. Der Canthus rostralis ist deutlich entwickelt. Am Kopf befinden sich kleine Stacheln. Die Occipital-Querreihe (aus kleinen Stacheln, die keine kontinuierliche Reihe bilden) trifft in einem rechten Winkel auf die supraauricularen Längsstachelreihen. Im Nackenbereich sind meist deutlich Nuchallängsreihen ausgebildet, die in Form von 2-6 Stacheln beiderseits der Wirbelsäule je eine Längsreihe bilden. Die Nuchallängsreihen sind deutlich getrennt von den Postorbitalreihen.

Der "Bart" ist nur schwach entwickelt. Zentrum der Kehle ohne vergrößerte Stachelschuppen. Die Rückenschuppen sind heterogen (vergrößerte gekielte Schuppen sind in die feinere Grundbeschuppung eingestreut). An den Seiten verläuft eine regelmäßige Stachelschuppenreihe. Die Bauchschuppen sind schwach gekielt. Es sind 10-18 Präanofemoralporen vor-

Abb. 209. Weibchen von *Pogona minor minor* (in Küstennähe, südlich von Geralton, WA). Foto: N. Schuster

handen. Zu weiteren Beschuppungsmerkmalen siehe Tabelle S. 134. *Pogona minor* ist auf dem Rücken grau-braun gefärbt und weist mehrere hellere große Flecken beiderseits der Wirbelsäule auf. In der Schläfengegend befindet sich ein heller Postorbital-Längsstreifen. Die Kehlregion ist meist teilweise oder komplett dunkelgrau bis schwarz. Die Unterseite des Körpers ist blass grau oder schmutzig weiß (mit oder ohne helle, dunkel begrenzte Flecken). Der Schwanz ist undeutlich gebändert. Bei Wildfängen ist die Mundschleimhaut gelb, bei Nachzuchttieren aber rosa. Jungtiere haben meist einen auffälligen dunklen Fleck oberhalb der Schulter, ein Merkmal, das auch bei adulten *P. minor* oft noch erhalten

Abb. 210. Biotop von *P. minor minor* in der Nähe von Norseman, WA.   Foto: N. Schuster

bleibt. Nach den Beobachtungen von N. SCHUSTER (unveröff.) sind Tiere aus der Gegend von Geralton und Mullewa relativ langschnäuzig und langschwänzig. Bei den Männchen fiel eine Gelbfärbung an den Kopfseiten und Flanken auf. Tiere aus der Umgebung von Norseman hingegen sind kompakter gebaut mit (vor allem bei den Männchen) breiteren Köpfen. Die Kopfbestachelung ist bei diesen Tieren besonders stark ausgebildet.

Verbreitung, Lebensraum und Lebensweise: *Pogona minor minor* ist weit über das westliche und westlich-zentrale Australien verbreitet. Im Norden erreicht die Art die südliche Pilbara, Little Sandy Desert und Gibson Desert (einschließlich der Inseln Barrow, Dirk Hartog und Salutation) (BADHAM 1976, STORR 1982, WITTEN 1994a). *Pogona minor minima* ist auf den Houtman Albrolhos Inseln endemisch. Die bei HAUSCHILD & BOSCH (1997) und MÜLLER (2002) veröffentlichten Verbreitungskarten von *P. minor* sind nicht korrekt, da sie die Populationen im südwestlichen Teil von Western Australia weggelassen haben.

Abb. 211. *Pogona minor minor* (Halls Creek, WA). Foto: P. Horner

deckt. Auf den Houtman Albrolhos Inseln besteht die spärliche Vegetation vor allem aus Büschen (u.a. *Carpobratus, Tetragonia, Olearia*) und Gräsern (u.a. *Spinifex*). Andere Bereiche sind mit Mangroven bestanden (STORR 1965).

Nach Mageninhaltsanalysen ernähren sich freilebende *Pogona minor* überwiegend von Grashüpfern und Grillen (29,9 %), Käfern (17,3 %), Termiten (11,7 %), Insektenlarven (8,1 %) und Pflanzenmaterial (19,3%) (PIANKA 1986).

Pogona minor lebt in Steppen und im lichten Busch- bzw. Trockenwald. Im Küstenbereich bewohnt sie auch Dünenlandschaften. N. SCHUSTER hat die Art auch in Eukalyptusbeständen entlang einer geteerten Straße in Westaustralien (zwischen Mt. Magnet und Yalgoo) beobachtet. Dort saßen die Tiere in 1-2 m Höhe im Geäst und waren wegen ihrer Färbung nur schwer zu entdecken. Sich ganz auf ihre Tarnung verlassend, verhielten sich die Agamen bewegungslos und drückten sich bei Annäherung eng an den Stamm. Erst unmittelbar bevor man sie mit der Hand greifen konnte, ließen sie sich auf den Boden fallen und rannten davon. Auf der Insel Barrow (etwa 85 km nördlich von Onslow im nordwestlichen Western Australia) beobachtete SMITH (1976) *P. minor*, die sich in der Vegetation aufhielten (vor allem in den Zweigen von *Hakea lorea* und *Acacia bivenosa*). Der Boden ist in diesem Lebensraum üppig mit *Triodia*-Büschelgras be-

Die Weibchen von *Pogona minor* werden im zweiten Lebensjahr mit einer Größe von etwa 90 mm KRL geschlechtsreif (DAVIDGE 1980). Trächtige Weibchen wurden im Freiland von Mitte Juli bis Ende Dezember registriert, wobei im nördlichen Teil des Verbreitungsgebietes (nördlich des 30. Südlichen Breitengrades) die Eiablage in den Zeitraum Juli bis September fällt, während bei Populationen südlich des 30. Südlichen Breitengrades die Gelege von Oktober bis Dezember abgesetzt werden (BRADSHAW 1981). Die durchschnittliche Gelegegröße freilebender *P. minor* beträgt 7,6 Eier (2-19 Eier pro Gelege), wobei das Gelege im Durchschnitt 19,5 % der Masse des Weibchens vor der Eiablage ausmacht

151

(PIANKA 1986, GREER 1989). Zwei bis vier Gelege kann ein Weibchen während einer Saison produzieren (GREER 1989, BRADSHAW 1981). Die Tiere graben für die Eiablage eine bis 25 cm tiefe Grube bzw. Erdhöhle, die sie nach dem Absetzen der Eier wieder vollständig verschließen (BROWNE-COOPER 1984). Unmittelbar nach der Ablage sind die Eier 20-25 mm lang und 12-14 mm im Durchmesser bei einer Masse von 1,85-2,86 g (BUSH 1992).

Pflege und Zucht: Die Männchen von *Pogona minor* sind untereinander absolut unverträglich, weshalb nur eine paarweise Haltung bzw. ein Männchen mit zwei Weibchen in Frage kommt. Eine Winterruhe sollte durchgeführt werden. Nach der Winterruhe können die ersten Paarungen beobachtet werden. Während einer Saison setzt das Weibchen zwei bis vier Gelege ab. Bei einer Inkubationstemperatur von 25 °C schlüpfen die Jungtiere nach 75-82 Tagen, bei 30 °C bereits nach 45-54 Tagen (BUSH 1992). Die Schlüpflinge haben eine KRL von 32-37 mm bei einer Masse von 1,7-2,9 g (BUSH 1992). Die Jungtiere sollten einzeln aufgezogen werden.

Abb. 212. Gruppe von *Pogona minor minor* im Terrarium (Zwei Weibchen sitzen auf einem Männchen!)
Foto: N. Schuster

Pogona mitchelli (BADHAM 1976)

Mitchells Bartagame

1976 *Amphibolurus mitchelli* BADHAM, Austr. J. Zool. 24: 435; Terra typica: "Derby, Western Australia", Australien.

Systematik: In ihrer Revision der *Amphibolurus barbatus*-Gruppe, beschrieb BADHAM (1976) *Amphibolurus mitchelli.* STORR (1982) reduzierte *mitchelli* zur Unterart von *minor* mit der Begründung, das es eine enge (weniger als 200 km breite) Hybridzone zwischen *mitchelli* und *minor* in der süd-

Abb. 214. Männchen von *Pogona mitchelli.*
Foto: G. Köhler

Abb. 213. Weibchen von *Pogona mitchelli.*
Foto: U. Schuster

lichen Pilbara gäbe. Da diese "Hybridzone" bislang aber nicht näher untersucht bzw. dokumentiert wurde und die beiden Taxa morphologisch deutlich differenziert sind, fassen wir sie als eigenständige Arten auf.

Beschreibung: *Pogona mitchelli* ist eine mittelgroße Bartagame, die eine KRL von 171 mm bei einer SL 205 mm und einer GL etwa 370 mm erreicht. Der Canthus rostralis ist deutlich entwickelt. Am Kopf befinden sich kräftige, feste, konische Stacheln. Die Occipital-Querreihe (aus Stacheln, die eine kontinuierliche Reihe bilden) trifft in einem Winkel von weniger als 90° auf die supraauricularen Längsstachelreihen. Statt Nuchallängsreihen sind nur kleine Gruppen von Stachelschuppen ausgebildet. Der "Bart" ist nur schwach entwickelt. Zentrum der Kehle ohne vergrößerte

153

Abb. 215. Weibchen von *Pogona mitchelli*.
Foto: G. Köhler

Verbreitung, Lebensraum und Lebensweise: *Pogona mitchelli* ist im zentralen Northern Territory und im nordwestlichen Western Australia (westliche Kimberleys und nördliche Pilbara bis Port Hedland and Marble Bar Districts) verbreitet. Dort bewohnt die Art Trockenwälder, Steppen und Halbwüsten sowie (in der Pilbara und im Süden der Kimberleys) felsige Biotope. Echte Wüstengebiete werden gemieden (HOSER 1996). Der klimatische Jahreszyklus ist im Verbreitungsgebiet von *P. mitchelli* sehr ausgeprägt und während der heißen Sommermonate ziehen sich die Agamen zum Trockenschlaf in Verstecke zurück.

Stachelschuppen. Gruppen von Stachelschuppen befinden sich oberhalb des Trommelfells sowie am Hinterhaupt und am Mundwinkel. Die Rückenschuppen sind heterogen (vergrößerte gekielte Schuppen sind in die feinere Grundbeschuppung eingestreut). An den Seiten verläuft eine regelmäßige Stachelschuppenreihe. Die Bauchschuppen sind glatt oder schwach gekielt. Es sind 10-18 Präanofemoralporen vorhanden. Zu weiteren Beschuppungsmerkmalen siehe Tabelle S. 134. Rückenfärbung meist überwiegend gelblichbraun oder rötlichbraun, in der Regel ohne besondere Zeichnung.

Abb. 216. Lebensraum von *Pogona mitchelli* (Kimberleys, WA). Foto: N. Schuster

Pflege und Zucht: Nach den bisherigen Erfahrungen wird *Pogona mitchelli* nicht immer so zutraulich wie z.B. *P. vitticeps* und ist auch insgesamt etwas heikel in der Haltung. Eine Ruhephase von sechs bis acht Wochen Dauer während der Wintermonate ist empfehlenswert und dient der Fortpflanzungsstimulation. Während einer Saison setzt das Weibchen mehrere Gelege mit jeweils 6-16 Eiern ab.

Bei einer Inkubationstemperatur von 26,5-28,0 °C schlüpfen die Jungtiere nach 65-73 Tagen. Die Schlüpflinge weisen eine KRL von etwa 40 mm bei einer Schwanzlänge von etwa 55 mm auf (HAUSCHILD & BOSCH 1997). Die Jungtiere sollten in Einzelhaltung aufgezogen werden. Die Jungtiersterblichkeit im Terrarium ist leider recht hoch, die Gründe hierfür sind jedoch noch unbekannt.

Abb. 217. Trächtiges Weibchen von *Pogona mitchelli* im Terrarium.　　Foto: U. Schuster

Abb. 218. Weibchen von *P. mitchelli* in der Eiablagehöhle.　　Foto: R. Pesch

Abb. 219. Frisch abgelegtes Ei von *Pogona mitchelli*.　　Foto: R. Pesch

Abb. 220. *Pogona nullarbor*.   Foto: J. Wombey

Pogona nullarbor (BADHAM 1976)

Nullarbor-Bartagame

1976 *Amphibolurus nullarbor* BADHAM, Austr.
J. Zool. 24: 440; Terra typica: "16 km
NW. Of Naretha Railway Station,
Western Australia", Australien.

Beschreibung: *Pogona nullarbor* ist
eine mittelgroße Bartagame, die eine
KRL von 144 mm bei einer SL 160 mm
und einer GL etwa 305 mm erreicht.
Der Canthus rostralis ist mäßig entwickelt. Die Occipital-Querreihe ist
lückenhaft und unregelmäßig und verläuft in einem schwachen Winkel
(Ausbuchtung Richtung Schnauzenspitze). Im Nackenbereich sind meist
deutlich Nuchallängsreihen ausgebildet, die in Form von 2-6 Stacheln beiderseits der Wirbelsäule je eine
Längsreihe bilden. Die Nuchallängsreihen sind deutlich getrennt von
den Postorbitalreihen. Der "Bart" ist
nur schwach entwickelt. Gruppen von
Stachelschuppen befinden sich oberhalb des Trommelfells sowie am
Hinterhaupt und am Mundwinkel.
Zentrum der Kehle mit vergrößerten
Stachelschuppen. Die Rückenschuppen sind heterogen (vergrößerte
gekielte Schuppen sind in die feinere
Grundbeschuppung eingestreut). An

den Seiten verlaufen vier Stachel-schuppenreihen. Die Bauchschuppen sind glatt oder schwach gekielt. Es sind 10-16 Präanofemoralporen vorhanden. Zu weiteren Beschuppungs-merkmalen siehe Tabelle S. 134. Vom Trommelfell bis zu den Augen verläuft ein dunkler, hell begrenzter Streifen (Augenzügel). Die Oberseite von Kopf, Körper und Extremitäten weist eine gelblichbraune, graubraune oder röt-lichbraune Grundfärbung auf. Manche Tiere sind ausgesprochen bunt und kontrastreich gefärbt. Auf dem Rücken zeigen sich 6-7 markante schmale helle Querbänder, die meist einen gewellten Verlauf haben. Der Schwanz ist deutlich gebändert. Die Bauchseite ist hellgrau mit einem deutlichen Ozellenmuster oder kurzen graubraunen Längsstreifen. Die Kehle ist hellgrau oder schmutzig weiß mit 3-4 wellenförmigen Querstreifen.

Abb. 222. Nullarbor-Ebene mit Akazien-bestand.   Foto: N. Schuster

Abb. 221. *Pogona nullarbor* beim Drohen ("Nullarbor" Roadhouse, SA).   Foto: G. Shea

Verbreitung, Lebensraum und Lebensweise: *Pogona nullarbor* ist in seiner Verbreitung auf die Nullarbor-Ebene im südöstlichen Western Australia und westlichen South Australia beschränkt. Der Lebensraum von *P. nullarbor* ist eine halbwüstenartige Buschsteppe mit trockenadaptierten Gräsern und Büschen sowie kleinblei-benden Bäumen (vor allem Akazien).

Das Gebiet ist insgesamt sehr trocken und erhält weniger als 250 mm jährli-che Niederschläge. Wenn es dann mal ergiebig regnet (was nicht unbedingt jedes Jahr vorkommt!) verwandelt sich die vorher ausgedörrte Landschaft innerhalb kürzester Zeit zu einem Blütenmeer. Die Individuendichte der Bartagamen in der Nullarbor-Ebene

157

ist sehr niedrig (N. SCHUSTER eigene Beob.). Die Weibchen von *P. nullarbor* produzieren Gelege mit 12-19 Eiern,

Abb. 223. Männchen von *Pogona nullarbor*.
Foto: N. Schuster

Abb. 224. *P. nullarbor* (Männchen).
Foto: J. Wombey

aus denen die Jungtiere im Dezember schlüpfen (SMITH & SCHWANER 1981, WILSON & KNOWLES 1988).

Pflege und Zucht: *Pogona nullarbor* ist eine lebhafte Bartagame, die sehr zutraulich werden kann. Bei N. SCHUSTER wurde ein Exemplar dieser Art elf Jahre alt.

SMITH & SCHWANER (1981) hatten am 30. August 1980 zwei trächtige Weibchen von *Pogona nullarbor* gefangen. Die Eier zeichneten sich als Ausbuchtungen deutlich durch die Haut ab und waren zu fühlen. Ein Exemplar (140 mm KRL) wurde konserviert und geöffnet: es enthielt 14 Eier (sechs Eier im rechten Eileiter, acht Eier im linken Eileiter). Das zweite Tier (135 mm KRL) verstreute am 1.-2. Oktober 1980 12 Eier im Terrarium (zwei weitere Eier folgten am 8. Oktober 1980). Die Eier wiesen unmittelbar nach der Ablage eine Länge von 22,9-24,2 mm bei einem Durchmesser von 13,9-16,1 mm auf. Im Laufe der Inkubation (bei 27-29 °C) nahmen die Eier an Umfang zu, so dass sie am 13. November 1980 im Durchschnitt 25,8 mm x 18,9 mm maßen. Kurz vor dem Schlupf verringerte sich jedoch die Eigröße wieder etwas; sie maßen am 14. Dezember 1980 im Durchschnitt 25,8 mm x 18,9 mm.

Nach 79-80 Tagen Inkubationsdauer schlüpften neun Jungtiere, die eine KRL von 33,6-37,3 mm bei einer Gesamtlänge von 75,6-87,5 mm aufwiesen. Die Färbung und Zeichnung der Jungtiere entspricht der der adulten Tiere.

Abb. 225. *Pogona vitticeps* (Alice Springs, NT).　　　　Foto: B. Eidenmüller

Pogona vitticeps (AHL 1926)

Gewöhnliche Bartagame

1926 *Amphibolurus vitticeps* AHL, Zool. Anzeiger 67: 189; Terra typica: "Australien".

Beschreibung: *Pogona vitticeps* ist eine große Bartagame, die eine KRL von 250 mm bei einer GL von etwas mehr als 500 mm erreicht. Der Canthus rostralis ist deutlich entwickelt. Die Occipital-Querreihe ist regelmäßig und verläuft in nahezu gerader Linie oder auch in einem schwachen Winkel von 140-150° (Ausbuchtung Richtung Schnauzenspitze). Nuchallängsreihen sind nicht ausgebildet. Der "Bart" ist gut entwickelt, wenn auch nicht so stark wie bei *P. barbata*. Gruppen von Stachelschuppen befinden sich oberhalb des Trommelfells sowie am Hinterhaupt und am Mundwinkel. Zentrum der Kehle mit vergrößerten Stachelschuppen. Die Rückenschuppen sind heterogen (vergrößerte gekielte Schuppen sind in die feinere Grundbeschuppung eingestreut). An den Seiten verläuft eine regelmäßige Stachelschuppenreihe. Die Bauchschuppen sind mehr oder weniger deutlich gekielt. Es sind 9-19 Präanofemoralporen vorhanden. Zu weiteren Beschuppungsmerkmalen siehe Tabelle S. 134. Die Grundfärbung kann sehr variieren, auch bei frei lebenden *P. vitticeps* (zu Farbvarianten

159

Abb. 226. Habitat in Kalbarri Nationalpark, WA.   Foto: B. Eidenmüller

KRL von 175 mm. Vor allem die Männchen werden bereits mit einer geringeren Körpergröße geschlechtsreif. Die Gründe für die Kleinwüchsigkeit sind unbekannt.

Verbreitung, Lebensraum und Lebensweise: *P. vitticeps* ist weit über das östlich-zentrale Australien verbreitet (westlich der Great Dividing Range: südöstliches Northern Territory, südwestliches Queensland, westliches New South Wales, nordwestliches Victoria und östliches South Australia). Dort bewohnt die Art vor allem Buschsteppen und Trockenwaldgebiete. Meist handelt es sich um Savannen und steppenartige Gebiete mit Gras- und Buschbewuchs sowie an manchen Standorten mit lichter Baumvegetation (v.a. Akazienbestände).

Der Lebensraum von *P. vitticeps* im Binnenland Australiens ist trockener und heißer als der von *P. barbata*. Wegen der hohen Sonneneinstrahlung übersteigt die Verdunstungsrate die Niederschlagsmenge, die weniger als 500 mm jährlich beträgt (NIX 1981). Manchmal bleibt der Regen im Habitat von *P. vitticeps* auch ein oder mehrere Jahre ganz aus. Der klimatische Jahreszyklus ist vor allem von den Lufttemperaturen geprägt (vgl. Klimadiagramme S. 188) mit Werten von 25-28 °C tagsüber und 10-15 °C nachts während der Wintermonate (Mai bis September) und mit Werten von 33-38 °C tagsüber und 20-24 °C nachts im Sommer.

unter Menschenobhut siehe auch Kapitel S. 125ff). So gibt es u.a. graubraune, rötliche und gelbe Exemplare dieser Bartagamenart. Vom Trommelfell bis zu den Augen verläuft ein dunkler, hell begrenzter Streifen (Augenzügel). Die Ventralseite des Körpers ist meist ohne besonderes Muster, es können aber auch undeutliche Schattierungen oder Fleckungen vorhanden sein. Der Schwanz ist mehr oder weniger deutlich gebändert.

Nach den Untersuchungen von WITTEN & COVENTRY (1990) erreichen die adulten *Pogona vitticeps* im Süden des Verbreitungsgebietes eine geringere Körpergröße als im übrigen Areal der Art. Zu den kleinwüchsigsten Populationen zählen die des Big Deserts im westlichen Victoria; dort erreichen die Agamen eine maximale

Abb. 227. Lebensraum in Trephina Gorge, McDonnell Range, NT.   Foto: B. Eidenmüller

Australia, zwei trächtige Weibchen von *P. vitticeps* gefangen. Eines der Tiere setzte am 24. November 16 Eier ab, das zweite legte am 27. November

Abb. 228. *P. vitticeps* im Flinders Range National Park, SA.   Foto: B. Eidenmüller

Man kann *P. vitticeps* oft auf erhöhten Plätzen, wie z.B. Zaunpfosten, Baumstümpfen und Stämmen beobachten. Es wurde berichtet, dass sich die Agamen bei leichtem Regen zu den Tropfen hin ausrichten und dann den Hinterkörper anheben, während sie den Kopf senken, um so das Wasser, das über den Rücken und Kopfoberseite zum Maul läuft, aufzulecken (SWAN 1990). Freilebende *P. vitticeps* fressen als Jungtiere etwa je zur Hälfte tierische und pflanzliche Kost, während adulte Exemplare sich zu über 90 Prozent vegetarisch ernähren (MACMILLEN et al. 1989).

In New South Wales setzen die Weibchen von *Pogona vitticeps* in selbstgegrabenen Erdhöhlen Gelege mit jeweils 10-20 Eiern ab (SWAN 1990). JOHNSTON (1979) hatte am 10. November 1976 bei Whyalla, South

Abb. 229. *P. vitticeps* in Quilbie, NSW.
Foto: B. Eidenmüller

161

elf Eier. Die Eiablagehöhle bestand aus einem 50 cm langen Gang, der nach 35 cm einen 45°-Knick machte und in etwa 25 cm unter dem Erdniveau endete. Der Gang wies eine lichte Weite von etwa 8 cm auf und war am Ende zu einer Kammer von etwa 10 cm Durchmesser geweitet. Die Eier wiesen eine Länge von 23-29 mm und einen Durchmesser von 17-18 mm auf. Das Weibchen verschließt die Eiablagehöhle, wobei es vor allem die Hinterbeine einsetzt, und drückt bzw. klopft das Erdreich mit der Schnauzenoberseite fest (JOHNSTON 1979).

Pflege und Zucht: *Pogona vitticeps* ist wohl die am häufigsten gehaltene Bartagame und durchaus auch für den Anfänger geeignet. Sie neigt zu weniger innerartlicher Aggressivität als die anderen Arten und ist die einzige Bartagame, die in kleinen Gruppen

Abb. 231. *Pogona vitticeps* mit interessanter Färbung.   Foto: K. Grießhammer

gehalten werden kann, in manchen Fällen sogar mit mehreren Männchen. Gut harmonierende Gruppen sind aber nicht selbstverständlich und in Einzelfällen kann es dennoch Probleme geben.

Im Alter von etwa einem Jahr wird *Pogona vitticeps* in der Regel geschlechtsreif, unter Umständen aber auch schon mit 6 Monaten (HENDERSON 1992, ZIMMERMANN 1980). Eine Winterruhe von 8-12 Wochen Dauer sollte durchgeführt werden. Während der etwa vier Monate andauernden Fortpflanzungsperiode paart sich das Männchen wiederholt mit den Weibchen. Während einer Saison kann ein Weibchen bis zu sieben, meist aber zwei bis vier Gelege produzieren. Es legt dann im Abstand von zwei bis vier Wochen jeweils 15-30 Eier (gelegentlich weniger bzw. mehr).

Abb. 230. Männchen von *P. vitticeps*.
                    Foto: U. Dost

Abb. 232. Frisch geschlüpftes Jungtier von *P. vitticeps.*   Foto: A. Calgua

Unmittelbar nach der Eiablage sind die Eier etwa 30 mm lang und 18 mm breit und 7,1-8,4 g schwer (ZIMMERMANN 1980). Bei einer Inkubationstemperatur von 27-29 °C schlüpfen die Jungtiere nach 60-85 Tagen, bei 25-27 °C nach 81-109 Tagen (JOHNSTON 1979, ZIMMERMANN 1980, EHMANN 1992, K. GRIEßHAMMER unveröff.). Die Schlüpflinge haben eine KRL von 39-42 mm bei einer Schwanzlänge von 50-53 mm (JOHNSTON 1979). Bei guter Fütterung wachsen die Jungtiere rasch heran und verdoppeln ihre Gesamtlänge innerhalb eines Monats (ZIMMERMANN 1980)! Leider leiden aber gerade ältere Tiere oft an Kieferabszessen; zudem neigen sie im Alter zur Tumorbildung.

Abb. 233. Jungtier von *P. vitticeps.*
Foto: U. Dost

163

Erkrankungen

Erkrankungen

Bartagamen haben vor rund einem Jahrzehnt den Siegeszug in der Terraristik angetreten und einer der Gründe, weshalb sie sich gegen andere Mitbewerber durchgesetzt haben, ist sicherlich ihre relativ geringe Krankheitsanfälligkeit. Zahlreiche andere Reptilienarten reagieren wesentlich empfindlicher auf Stress und suboptimale Haltungsbedingungen. Obwohl Bartagamen allgemein als robuste Terrarienpfleglinge gelten, treten dennoch in der Praxis verschiedene Krankheiten und Verletzungen auf.

> Der überwiegende Teil der Erkrankungen resultiert aus Fehlern bei der Haltung und die beste Krankheitsvorsorge ist es, die Tiere so artgerecht wie möglich zu pflegen.

Im folgenden werden einige Krankheitsbilder besprochen, die relativ häufig bei Bartagamen auftreten können. Es muss davor gewarnt werden, selbst zu versuchen, Krankheiten bei den Tieren zu behandeln. Ziel dieses Kapitels soll es sein, Erkrankungen vorzubeugen und frühzeitig zu erkennen. Weiterhin sollen Hinweise zu Erste-Hilfe-Maßnahmen gegeben werden und Tipps, die die Behandlung unterstützen. Alles weitere muss in Zusammenarbeit mit einem reptilienkundigen Tierarzt erfolgen. Nur dieser kann die Medikamentengabe (vgl. Tabelle S. 180), eventuelle Zwangsfütterungen und anderen invasive Maßnahmen fachgerecht durchführen.

Es ist hervorzuheben, dass durch falsche Diagnosen und unkorrekte Durchführung von Therapiemaßnahmen wesentlich mehr Schaden als Nutzen erreicht wird! Wenn ein Tierarzt für eine Dauertherapie die Besitzer des Patienten anlernt, kann die eine oder andere Maßnahme eventuell auch von Laien durchgeführt werden.

> Bereits bevor man sich Bartagamen anschafft, sollte man sich erkundigen, wo sich ein reptilienkundiger Tierarzt befindet.

Auf der Homepage der DGHT ist eine Liste spezialisierter Tierärzte veröffentlicht; auch eine Anfrage beim lokalen Terrarienkundeverein kann weiterhelfen. Veterinärmediziner, die in ihrer alltäglichen Praxis nicht mit Reptilien zu tun haben, sind mit Bartagamen verständlicherweise überfordert. Dass Infektionen (beispielsweise mit Salmonellen) bei Reptilien in manchen Fällen auf den Menschen übertragen werden können, sollte einem beim Umgang mit diesen Tieren generell bewusst sein. Zu selbstverständlichen Hygienemaßnahmen zählt das Waschen der Hände mit Seife und warmen Wasser vor und nach dem Hantieren mit den Echsen.

Viele Erkrankungen bei Bartagamen gehen mit Austrocknung und Störungen des Elektrolythaushalts einher. So sollte man als Pfleger bei

Abb. 235. Kranke und alte Tiere haben oftmals einen gestörten Flüssigkeitshaushalt und leiden unter Austrocknungserscheinungen.   Foto: U. Schuster

nen. Die Bartagamen reduzieren ihre Aktivität, fressen weniger oder gar nicht und liegen flach auf dem Boden. Dies ist leider kein Hinweis auf eine bestimmte Krankheit, sondern zeigt nur an, dass etwas nicht stimmt. Die Bartagamen zeigen während ihrer Ruhephasen ein ganz ähnliches Verhalten und man muss ausschließen, dass das Tier nicht gerade mit der Winterruhe beginnt. Wenn Bartagamen dieses Verhalten zeigen, müssen sie prinzipiell auf Parasiten untersucht werden, aber auch sonst sind regelmäßig (mindestens einmal jährlich) Kotproben zu untersuchen.

Parasiten

Endoparasiten sind ein häufiger Auslöser von Erkrankungen. Sie sondern ungesunde Stoffwechselprodukte ab, entziehen dem Wirt Nahrung und schädigen ihn auf vielerlei anderen Wegen. Die Ansteckungsquelle von Endoparasiten sind meist andere Bartagamen bzw. andere Reptilien, die bereits Ausscheider der Erreger sind. Generell müssen alle Neuzugänge zunächst eine mindestens sechswöchige Quarantäne durchlaufen. Im Quarantäneterrarium muss sehr auf Sauberkeit und Hygiene geachtet werden. Nach Bedarf, mindestens jedoch ein- bis zweimal täglich, muss der Bodengrund (Zeitungspapier, Zellstoff) erneuert werden. Nach dem Kontakt mit den Tieren müssen die Hände gewaschen werden und es dürfen keine Materialien wie Futterschalen

jeder Erkrankung dafür sorgen, dass die Echse genügend Flüssigkeit zu sich nimmt. Am besten geeignet sind hierfür isotonische Kochsalzlösungen (NaCl), die man in der Apotheke erhält. Beispielsweise mit einer Pipette kann man den Bartagamen auf die Schnauzenspitze tropfen, bis sie anfangen, die Flüssigkeit aufzulecken. In schlimmeren Fällen wird der Tierarzt eine Infusion verabreichen. Abgesehen von akuten Notfällen, verschlechtert sich der Allgemeinzustand der Tiere meist recht langsam und diese Veränderung sollte vom Halter erkannt werden kön-

167

und Pinzetten bei mehreren Terrarien gemeinsam benutzt werden.

Um die Agamen auf möglichen Parasitenbefall zu überprüfen, sendet man eine frische Kotprobe an einen kundigen Tierarzt oder ein Tierhygienisches Institut (vgl. S. 187).

Neben der allgemeinen Abgeschlagenheit der Tiere gibt es weitere mögliche Hinweise, die auf einen Parasitenbefall hindeuten können. Dazu gehören Gewichtsabnahme trotz Futteraufnahme, übelriechender Stuhl, Durchfall, unverdaute Nahrungsbestandteile und sichtbare Teile von Bandwürmern im Kot.

Die einzelligen Coccidien können regelmäßig bei Kotuntersuchungen gefunden werden und stellen in geringer Zahl keine große Gefahr für die Bartagamen dar. Diese Protozoen produzieren im Verdauungtrakt der Tiere aber kontinuierlich Dauerstadien (Oocysten), die mit den Ausscheidungen der Bartagamen ins Terrarium gelangen. Dort haben die Agamen wieder Kontakt mit dem eigenen Kot, nehmen die Oocysten auf und infizieren sich so erneut mit Coccidien. So nimmt die Anzahl der Coccidien in der Agame weiter zu und im schlimmsten Fall kann es zu einer Superinfektion kommen, die zu Durchfall, Flüssigkeits- und Gewichtsverlust führen kann. Der Tierarzt wird die Behandlung je nach Zustand der Echse mit Flüssigkeitszufuhr und Zwangsfütterungen beginnen und einen medikamentösen Therapieplan

erstellen. Die dauerhafte Bekämpfung der Coccidien kann –besonders wenn mehrere Tiere gepflegt werden – schwierig sein und mehrere Wochen dauern. Flagellaten und Amöben sind andere Einzeller die bei parasitologischen Untersuchungen gefunden werden können. Auch verschiedene Wurmparasiten, wie Saugwürmer (Trematoden), Bandwürmer (Cestoden) und Fadenwürmer (Nematoden) können die Bartagamen parasitieren und zahlreiche Probleme hervorrufen.

Die am häufigsten vorkommenden Arten sind Oxyuren, die eine direkte Entwicklung haben, weshalb es unter Terrarienbedingungen zu großen Befallsstärken kommen kann. Obwohl Oxyuren meist keine Krankheitssymptomatik hervorrufen, sollten sie medikamentös (Molevac) behandelt werden.

Ektoparasiten (Milben und Zecken) stellen die zweite Gruppe der Schädlinge dar, die Bartagamen parasitieren können. Häufig tritt ein Befall mit Milben auf. Man erkennt sie mit bloßem Auge auf den Tieren. Sie halten sich überwiegend in der Kloakenregion, in den Achseln und im Bereich des Maules auf. Einzelne Tiere und die Eier verteilen sich jedoch im Terrarium. Zur Behandlung müssen die Agamen in ein sehr spartanisch eingerichtetes Quarantäneterrarium gebracht werden. In diesem hängt man einen Insektenstrip auf, der kontinuierlich ein Insektizid abgibt. Da der Wirkstoff Dichlorvos in hohen Dosen als Nervengift wirkt, muss man

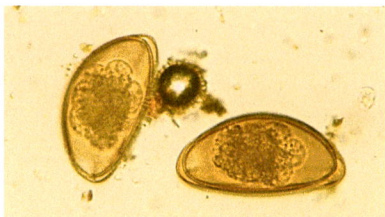

Oxyuren-Eier

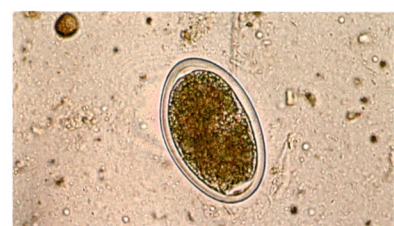

Askariden-Ei

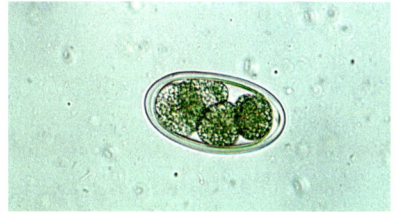

Askariden-Ei

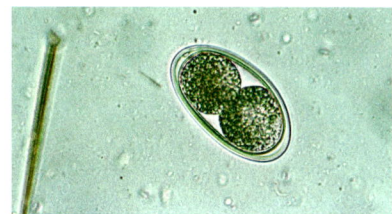

Askariden-Ei

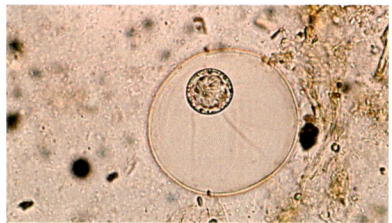

Cestoden-"Ei" (Oncosphäre)

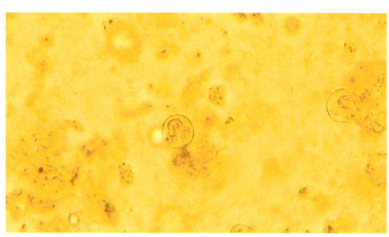

Coccidien-Oozysten

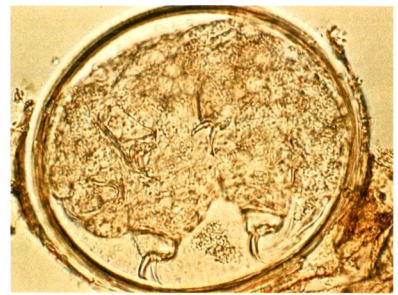

Pentastomiden-Ei mit Larve

Milbe

Abb. 236-243. Parasitenstadien im Kot (außer Milbe) von Bartagamen unter dem Mikroskop.　　　　　　　　　　　　Fotos: G. Köhler und Archiv W. Frank

die Größe des Streifens genau gemäß der Herstellerangaben berechnen und darauf achten, dass die Agamen den Strip nicht erreichen können. Es hat sich bewährt, ihn in einem Stück einer Strumpfhose im oberen Bereich des Terrariums aufzuhängen.

Man sollte ihn auch möglichst weit entfernt von den warmen Beleuchtungskörpern anbringen, um eine übermäßige Ausdünstung zu vermeiden. In dieser Zeit werden die Tiere nur außerhalb des Terrariums getränkt und gefüttert. Eine Überdosierung (Dichlorvos-Vergiftung) kann sich in Form von Muskelzittern äußern; die Bartagamen wirken dann wie betrunken. Dann muss der Strip sofort entfernt und das Terrarium gut gelüftet werden. Ändert sich der Zustand nicht oder wirkt bedrohlich, muss die Agame zu einer Gegengiftgabe zu einem Tierarzt gebracht werden.

> Die Milbenbehandlung muss über einen Zeitraum bis zu vier Wochen durchgeführt werden und auch das Terrarium und dessen Einrichtung ist mit einzubeziehen.

Der Inhalt des gesamten Terrariums muss ausgeräumt und desinfiziert werden. Das Bodensubstrat kann im Backofen sterilisiert werden, die weiteren Einrichtungsgegenstände werden verworfen oder mit einem Desinfektionsmittel gereinigt. Als Desinfektionsmittel eignet sich unter anderem Alkohol.

Zecken, die die Agamen beispielsweise im Freilandterrarium befallen können, sind leicht mit einer Zeckenzange zu entfernen. Man spannt die Reptilienhaut mit zwei Fingern und setzt die Zange direkt am Hautansatz an. Mit kontinuierlichem Zug lassen sie sich herausziehen.

Lungenentzündungen

Lungenentzündungen kommen bei Bartagamen verhältnismäßig häufig vor. Atemwegserkrankungen werden gefördert durch Zugluft und hohes Staubaufkommen im Terrarium.

> Man sollte deshalb zum Einen dafür sorgen, dass die Tiere keinen kalten Luftströmungen ausgesetzt sind. Zum Anderen muss bei der Wahl von Bodengrund und Rückwanddekoration darauf geachtet werden, dass wenig Staub freigesetzt wird.

Begünstigt durch Staub und Zugluft kann sich eine bakterielle Lungenentzündung entwickeln. Zur Behandlung kommen Antibiotika (möglichst nach Resistenztest) zum Einsatz. Unbedingt muss eine unterstützende Therapie (Optimierung der Haltungsbedingungen und Inhalationen mit etherischen Ölen, z.B. Japanisches Heilpflanzenöl) durchgeführt werden. Eine weitere Ursache von Lungenentzündungen können Parasiten sein, wobei Pentastomiden (Zungenwürmer) eine Rolle spielen können.

Abszesse

Abszesse (mit Eiter gefüllte Hohlräume, die durch Einschmelzung von Gewebe entstanden sind) findet man bei Bartagamen häufig. Meist befinden sie sich unter der Haut (subkutan). Die Spaltung von Abszessen sollte man unbedingt einem Tierarzt überlassen, da der Abszeßinhalt bakteriologisch untersucht (inklusive Resistenztest) werden sollte und es zu Komplikationen wie z.B. Streuung der

Abb. 244. Extremer Unterkieferabszess bei einer *P. vitticeps*.   Foto: Archiv W. Frank

Abb. 245. Fibrinpfropf aus der entzündeten Hemipenistasche einer *P. vitticeps*.
                                        Foto: G. Köhler

Erreger mit nachfolgender Sepsis kommen kann. Schwieriger zu therapieren sind Kiefervereiterungen, die neben eventuellen chirurgischen Maßnahmen unbedingt auch antibiotisch zu behandeln sind (nach Resistenztest).

Bei einer Entzündung der auf der Unterseite der Schwanzbasis gelegenen **Hemipenes** schwillt der Bereich an. Zunächst handelt es sich meist um eine fibrinöse Entzündung und man kann oftmals einen länglichen Fibrinpfropf aus den Hemipenistaschen entfernen. Bei fortgeschrittenen Entzündungsprozessen kann es zu massiver Eiterbildung und Einschmelzung von Gewebe (Abszedierung) kommen. Die Behandlung erfolgt dann wie bei Abszessen.

Hautmykosen

Bei zu feuchter Haltung (Staunässe, insbesondere in den Versteckplätzen der Tiere) kann es zum Auftreten von Hautpilzerkrankungen bei den Bartagmen kommen, was sich meist in Form von borkigen Verdickungen äußert (vgl. S. 172). Es empfiehlt sich dringend, vom Tierarzt Proben der veränderten Bereiche für Bakterien- und Pilzkulturen nehmen zu lassen. Unbedingt müssen täglich die borkigen Beläge und Verkrustungen behutsam, aber doch gründlich entfernt werden, bis gesundes Gewebe zum Vorschein kommt. Wenn es sich um eine Hautmykose handelt, wird anschließend eine antimykotische Salbe (bei Hefen Nystatin; bei

171

Abb. 246. Hautpilzerkrankungen entstehen oftmals durch Staunässe im Terrarium.
Foto: Archiv W. Frank

Ernährungsbedingte Erkrankungen

Bartagamen sind in der Regel gierige Fresser. Das gilt vor allem für Insekten (Grillen, Heuschrecken), die die Agamen mit Begeisterung erbeuten. Man darf aber nicht vergessen, dass pflanzliche Kost einen Großteil der Nahrung freilebender Bartagamen ausmacht, und zwar etwa 50 Prozent bei Jungtieren und über 90 Prozent bei adulten Exemplaren (MACMILLEN et al. 1989). Insekten sind von Natur aus mineralstoffarm (ihr Außenskelett besteht aus Chitin).

Schimmelpilzen Canesten-, Exoderil- oder Tinactin-Creme) aufgetragen. Solche Behandlungen sind meist langwierig und müssen sehr konsequent durchgeführt werden, sogar noch zwei bis drei Wochen über das Verschwinden der Symptome hinaus. Es sei darauf hingewiesen, daß ein Vitamin-A-Mangel das Auftreten von Hauterkrankungen fördert, weshalb auf ausreichende und regelmäßige Vitaminversorgung der Tiere zu achten ist.

Unbedingt sollten deshalb alle Futterinsekten gut angefüttert sein (engl.: gut loading) und vor dem Verfüttern mit einem Mineral-Vitamin-Pulver bestäubt werden.

Trotz dieser Maßnahmen führt einseitige Insektenfütterung (womöglich sogar überwiegend mit Mehlwürmern) bei den Agamen zu schwerwiegenden Stoffwechselerkrankungen.

Die resultierenden Krankheitsbilder betreffen vor allem das Skelett (Rachitis bzw. fibröse Osteodystrophie) und die Leber ("Fettleber").

Bei etwa einem Drittel der sezierten Bartagamen findet man Leberveränderungen, wobei die fettige Degeneration des Leberparenchyms (**"Fettleber"**) an erster Stelle steht (HAUSCHILD & BOSCH 1997). Parasitäre und bakterielle Leberentzündungen werden hingegen eher selten festgestellt. Neben Ernährungsfehlern (vor allem zu einseitige und zu fetthaltige Ernährung) spielen Pestizide, die mit der Nahrung aufgenommen werden, bei der Entstehung der Fettleber ursächlich eine große Rolle. Eine vielseitige und hochwertige Ernährung der Agamen dient zur Vorbeugung von Lebererkrankungen.

Abb. 247. Dieses Tier zeigt schwere Bewegungsstörungen, die auf frühere Knochenstoffwechselerkrankungen zurückgehen und irreversibel sind.   Foto: K. Affonce

Rachitis bzw. fibröse Osteodystrophie sind Knochenstoffwechsel-Erkrankungen, denen ein Calcium- und Vitamin-D-Mangel zu Grunde liegt. Bei der **fibrösen Osteodystrophie** ist die Grundursache ein falsches Verhältnis von Calcium zu Phosphor in der Nahrung. Optimal ist ein Verhältnis von 1,0-1,5:1,0 (Ca:P) (FRYE 1981). Wenn nun über längere Zeit dieses Verhältnis zugunsten des Phosphors verschoben wird (z.B. durch einseitige Insektenverfütterung), kommt es zu einer verstärkten Aktivität der Nebenschilddrüse, so dass sie vermehrt ein Hormon (das Parathormon) produziert und ins Blut abgibt. Dieses Hormon bewirkt eine Mobilisierung des Calciums der Knochen, so dass das Skelett entmineralisiert wird.

Insbesondere bei den Knochen, die einer stärkeren mechanischen Belastung ausgesetzt sind (vor allem Knochen der Extremitäten sowie die der Kiefer), versucht der Organismus den Stabilitätsverlust durch Zubildung von Bindegewebe auszugleichen. Dies führt zu einer Umfangsvermehrung der betroffenen Knochen, welche leicht durch Abtasten feststellbar ist. Andere Knochen (z.B. Schädel) werden durch diese Entmineralisierung weich und verformbar.

Rachitis (bzw. **Osteomalazie** bei adulten Tieren) ist ein Sammelbegriff für Krankheitsbilder mit "weichen Knochen" (ausbleibenden Mineralisierung des Knochengewebes), denen ein Vitamin-D-Mangel zugrunde liegt. Wie viele Erkrankungen sind Rachitis und fibröse Osteodystrophie leicht durch Vorbeugung zu vermeiden (durch eine ausgewogenen Ernährungsplan), aber schwierig und unbefriedigend zu behandeln. Einmal vorhandene Umfangsvermehrungen von Knochen lassen sich nicht wieder rückgängig machen. Man kann nur versuchen, den Krankheitsprozess zu stoppen, indem man dem Tier massiv Calcium (z.B. Calcium-Lactat oder Calcium-Gluconat) zuführt und die Ernährung umstellt.

Gicht ist die Ablagerungen von harnsauren Salzen (Uraten) in den Nieren ("Nierengicht"), den Gelenken ("Gelenkgicht") oder den Eingeweiden ("Viszeralgicht", vor allem der Leber und des Herzbeutels).

Gicht tritt bei Bartagamen vor allem im Zusammenhang mit zu geringer Wasseraufnahme auf.

HAUSCHILD & BOSCH (1997) berichten, dass jede fünfte sezierte Bartagame unter Gicht litt! Das Endprodukt des Protein- und Purinstoffwechsels ist bei Reptilien Harnsäure, die mit Hilfe der Nieren ausgeschieden wird. Bei Nierenschädigungen (z.B. altersbedingt oder durch Medikamentengabe verursacht) oder Austrocknung, können die Urate nicht ausreichend ausgeschieden werden und es kommt zu einem erhöhten Harnsäurespiegel im Blut (Hyperurikämie). Die schlecht wasserlöslichen Urate beginnen dann im Gewebe auszufallen. Zur Gichtvorbeugung sollte den Agamen im Terrarium immer frisches Wasser zur Verfügung stehen und man sollte durch sorgfältiges Beobachten sicherstellen, dass alle Tiere ans Wasser gehen und auch trinken (vgl. auch Kapitel "Flüssigkeitsaufnahme", S. 71).

Knochenbrüche

So lange die Bruchfragmente nicht zu verschoben sind, genügt eine konservative Therapie. Zur Stabilisierung sollte die betroffene Extremität geschient werden, wobei z.B. (Teile von) Wattestäbchen zum Einsatz kommen können. Bei Zehenfrakturen hat sich ein Pflasterverband zur Ruhigstellung der Fraktur bewährt. Dabei müssen die Zehenzwischenräume mit Watte ausgepolstert werden. Die Heilungstendenz von Knochenbrüchen ist bei Reptilien im Allgemeinen sehr gut.

Abb. 248. Dieser gebrochene Unterkiefer wurde geschient.   Foto: M. Kluge

Abb.249. Bartagame mit gebrochenem Vorderbein.   Foto: M. Kluge

Schwanz- und Zehennekrosen

Manchmal kann man bei Bartagamen das Absterben und Eintrocknen von Zehen oder Schwanzspitze beobachten. Hierfür kommen sowohl infektiöse als auch nicht-infektiöse Ursachen in Frage.

> Man muss immer darauf achten, dass die Agamen auch die Schwanzspitze vollständig häuten, da verbliebene Häutungsreste zu einem Abschnüren und über längeren Zeitraum zum Absterben des betroffenen Abschnitts führen.

In manchen Fällen kommt es durch Abschnüren und Verlust des abgestorbenen Gewebes zur Selbstheilung. Sollte dies nicht der Fall sein, muss rechtzeitig im gesunden Bereich amputiert werden, bevor lebenswichtige Strukturen an der Schwanzbasis von der Nekrose betroffen sind. Als infektiöse Ursache für ein trockenes

Abb. 250. Bartagame mit amputiertem Vorderbein.   Foto: Archiv W. Frank

Gangrän von Zehen und Schwanzspitze kommen in erster Linie Mykosen in Betracht. Bei diesen findet sich eine nekrotisierende gangränöse Dermatitis, die zu Einschnürungen und schließlich zum Verlust von Zehen und Schwanzspitze führt. Zur Behandlung muss täglich abgestorbenes Gewebe entfernt und eine antimykotische Salbe aufgetragen werden. Bei schweren Fällen kann sogar die Amputation eines Fußes notwendig werden.

Legenot

Wenn Weibchen ihre Eier nicht ablegen, sondern deutlich über den normalen Eiablagetermin hinaus tragen, spricht man von Legenot. Häufig sind fehlende oder ungeeignete Eiablageplätze die Ursache für eine Legenot; es kommen aber auch störende Terrarienmitbewohner, Erschöpfungszustände, Mangelerscheinungen (z.B. Vitamin- oder Calciummangel) und zehrende Allgemeinerkrankungen des Weibchens in Betracht. Seltener können übergroße Gelege (Superfekundatio) und Eianomalien (Übergröße, Missgestaltung) ursächlich eine Rolle spielen.

> Wenn die trächtigen Weibchen keine geeigneten Eiablageplätze vorfinden, kommt es häufig zu psychogener Legenot. Das Tier ist dann nicht bereit, sein Gelege an ungünstigen Plätzen abzusetzen und hält die Eier zurück.

175

Bei reichlicher Fütterung neigen viele Reptilienarten dazu, übergroße Gelege oder übermäßig viele Gelege in Folge zu produzieren, was zu Erschöpfung und Austrocknung (die Eier nehmen gegen Ende der Trächtigkeit viel Wasser auf) führen kann.

Eine Legenot kann sich darin äußern, dass das Weibchen sich in kühlere Teile des Terrariums zurückzieht oder dass es, nachdem es vorher auf der Suche nach einem geeigneten Eiablageplatz viel umhergelaufen ist und gegraben hat, ruhiger wird und sich scheinbar wieder normal verhält. Gerade dann wird es kritisch. Nicht abgesetzte beschalte Eier können nicht mehr resorbiert werden. Ihr Inhalt verkäst, und sie verkleben mit dem Eileiter. Nach wenigen Wochen stirbt das Weibchen schließlich an einer eitrigen Eileiterentzündung, meist in Verbindung mit einer Peritonitis.

Es ist oftmals schwierig zu beurteilen, wann man noch warten kann und wann es sich schon um eine Legenot handelt!

Wenn erst einmal die – sehr unspezifischen! – Symptome einer Legenot erkennbar werden (Apathie, tiefliegende Augen, eingefallene Schwanzwurzel, stumpf wirkende Haut, Schmerzempfindlichkeit im Bauchbereich), ist es für eine Oxytocin-Therapie schon meist zu spät.

Im günstigeren Fall kann es zum "Verwerfen der Eier" kommen, was

Abb. 251. Weibchen mit den Anzeichen einer Legenot (Freilandaufnahme).
Foto: B. Eidenmüller

sich darin äußert, dass das Weibchen nach Überschreiten des physiologischen Eiablagetermins die Eier nicht vergräbt, sondern wahllos im Terrarium verstreut. Dabei ist zu beachten, dass diese Tiere oftmals nicht alle Eier verwerfen, sondern einige wenige im Eileiter verbleiben, wo sie zu oben genannten Komplikationen führen können. Mit Hilfe einer Röntgen- oder Ultraschalluntersuchung muss geprüft werden, ob auch tatsächlich das gesamte Gelege abgesetzt worden ist.

Um zu verhindern, dass es zu einer Legenot kommt, muss man, wenn der normale Eiablagetermin überschritten ist, die Eiablage rechtzeitig (bevor es zum klinischen Bild der Legenot kommt) mit Hilfe von Oxytocin (1-5 I.E./kg KM i.m.) einleiten. Da man nie ausschließen kann, dass das Weibchen einen Calciummangel hat, sollte man ihm 10 - 15 Minuten vor der Oxytocin-Gabe Calcium injizieren (z.B. Calcium-Sandoz 10%). In jedem Fall sollte vor Beginn einer Oxytocin-Therapie mit Hilfe einer Röntgen- oder Ultraschalluntersuchung sichergestellt werden, ob das Tier auch wirklich trächtig ist, da es eine Reihe von Erkrankungen gibt, deren Symptome denen einer fortgeschrittenen Trächtigkeit sehr ähnlich sind. Vor einem allzu sorglosen und vorschnellen Einsatz von Oxytocin muss gewarnt werden, da diese Art der Behandlung einen enormen Eingriff in den Hormonhaushalt und die Psyche (der normale Ablauf der Eiablage wird vollkommen durcheinander gebracht) eines Tiers darstellt. Sollte die Oxytocin-Therapie keinen Erfolg zeigen, bleibt als letztes Mittel das chirurgische Vorgehen.

"Hängende" Augenlider

Bei manchen Bartagamen hängt das untere Augenlid tiefer als normal. Dieses Phänomen tritt einseitig und beidseitig auf. Die Ursache ist nicht bekannt; möglicherweise spielt Vitamin-A-Mangel eine Rolle. Bei entzündlichen Prozessen kann eine antibiotikahaltige Augensalbe helfen.

Überlange Krallen

Die Krallen der Bartagamen wachsen ebenso wie die Haut ständig nach und werden beim Laufen, Graben und Klettern wieder abgenutzt. Sie sind gebogen und scharf, um den Tieren einen guten Halt zu ermöglichen und als Grabehilfe zu fungieren. So können sie beim Versuch sich festzuhalten auch auf der Haut des Pflegers Kratzer hinterlassen. Dieses darf jedoch kein Grund sein die Krallen seiner Agamen zu schneiden!

Im Terrarium kann es vorkommen, dass sich die Krallen kaum abnutzen, übermäßig wachsen und die Tiere sogar in der Fortbewegung behindern.

> Für überlange Krallen ist meistens zu wenig Bewegungsfreiheit oder das Fehlen rauer Klettergegenstände im Terrarium verantwortlich.

Wird eine Kürzung der Krallen notwendig, lässt man sich von einem erfahrenen Tierarzt zeigen, wie dies zu tun ist, ohne das Tier dabei zu verletzen. Es ist wichtig, dass man nur den nicht-durchbluteten Bereich beschneidet.

Gelegentlich kann es vorkommen, dass einzelne Krallen abreißen. Diese wachsen in der Regel binnen weniger Wochen nach.

177

Missbildungen

Durch intensive Inzucht haben sich leider zahlreiche Genschäden in diverse Zuchtlinien von Bartagamen eingeschlichen. Besonders bei *Pogona henrylawsoni* schlüpfen immer wieder Tiere mit verkrümmten Wirbelsäulen, extremen Veränderungen im Bereich des Schwanzes, fehlenden Extremitäten und anderen Missbildungen. Solche Tiere dürfen nicht zur Zucht verwendet werden und müssen je nach Schwere der Missbildung gegebenenfalls vom Tierarzt eingeschläfert werden. Die Elterntiere dürfen dann ebenfalls nicht mehr miteinander verpaart bzw. deren Eier nicht inkubiert werden.

Man muss immer versuchen, an Elterntiere zu gelangen, die möglichst wenig miteinander verwandt sind, keinesfalls sollten jedoch Geschwistertiere erworben werden!

Für die Zukunft wäre es wünschenswert, die bestehenden Terrarienbestände mit Wildfängen zu verpaaren. Es sieht jedoch nicht so aus, als ob in nächster Zeit Genehmigungen für den Import einiger Tiere erteilt würden und vom Schmuggel kann nur dringend abgeraten werden! Abgesehen davon, dass Schmuggel aus Gründen des Tier- und Artenschutzes unbedingt abzulehnen ist, drohen in Australien bis zu mehrjährige Haftstrafen.

Abb. 252. Schwanzmissbildung.
Foto: Archiv W. Frank

Abb. 253. "Rollschwanz".
Foto: Archiv W. Frank

Abb. 254. Diese doppelköpfige Bartagame ist am Leben und frisst auch.
Foto: B. Moss

Altersbedingte Erkrankungen

Bartagamen leben unter Terrarienbedingungen meist sieben, selten mehr als zehn Jahre, ein Alter, das in freier Natur wohl selten erreicht wird. Die älteste Bartagame von Norbert Schuster ist bereits 12 Jahre alt.

Ab einem Alter von sechs bis acht Jahren gelten die Tiere als "Senioren". Sie werden dann inaktiver und stellen die Paarungsaktivitäten ein. Um einem Verfetten vorzubeugen, sollte man die Kalorienmenge in der Ernährung reduzieren. In diesem Alter sind sie auch stressanfälliger und sollten als "ältere Herrschaften" entsprechend schonend behandelt werden. Bei älteren Bartagamen treten verstärkt Abszesse und Geschwüre auf. Abszesse können vom Tierarzt aufgeschnitten und gespült werden. Gegebenenfalls sollte auch eine antibiotische Therapie durchgeführt werden. Dann ist es sinnvoll, dass der Veterinärmediziner direkt einen Abstrich aus dem Abszess nimmt.

Wenn der Tag kommt, an dem das Leiden des Tieres überwiegt, muss es eingeschläfert werden. Dies kann schmerzfrei und fachgerecht nur durch den Tierarzt geschehen. Das Einfrieren in der Kühltruhe ist reine Tierquälerei und unbedingt abzulehnen! Verstirbt ein Tier, sollte man eine Sektion durchführen lassen. Vielleicht lag eine ansteckende Infektion vor, die den restlichen Tierbestand gefährden kann.

Abb. 255. Im Alter werden die Bartagamen inaktiver und stressanfälliger (*P. mitchelli*).
Foto: U. Schuster

179

Medikamentendosierung

Erkrankung	Wirkstoff	Handelsname	Dosierung	Bemerkung
Amöben, Flagellaten	Metronidazol	Flagyl	40-100 mg/kg KM p.o.; nach zwei Wochen wiederholen	über 100 mg/kg KM ist mit Vergiftungs-erscheinungen zu rechnen
Amöben, Flagellaten	Tinidazol	Simplotan	170 mg/kg KM p.o. alle 24 h über 8 Tage	
Coccidien	Sulfametho-xidiazin	Durenat	80 mg/kg KM p.o als Initialdosis; dann 40-50 mg/kg KM p.o. alle 24 h	
Cestoden	Praziquantel	Droncit	15-20 mg/kg KM p.o.; nach zwei Wochen wieder-holen	
Nematoden	Fenbendazol	Panacur	50-100 mg/kg KM p.o.; nach zwei Wochen wieder-holen	kaum wirksam gegen Oxyuren
Oxyuren	Pyrvinium-Pamoat	Molevac	0,5-1,0 ml/kg KM p.o.; nach zwei Wochen wieder-holen	
bakterielle Infektionen	Doxycyclin		50 mg/kg KM i.m. als Initial-dosis gefolgt von 25 mg/kg KM i.m nach 72 h	langsam injizieren, da Gefahr von Muskel-nekrose an Injektions-stelle
bakterielle Infektionen	Enrofloxacin	Baytril	10 mg/kg KM i.m. alle 24 h oder 5 mg/kg KM i.m. alle 12 h	
Hautmykosen	Clotrimazol	Canesten	1-2x täglich äußer-lich auftragen	
Hautmykosen	Tolnaftat	Tinactin	1-2x täglich äußer-lich auftragen	
innere Mykosen	Ketoconazol	Nizoral	20 mg/kg KM p.o. alle 24 h	
innere Mykosen	Miconazol	Daktar i.v.	10 mg/kg KM i.m. alle 24 h	

Danksagung

Unser Dank gilt folgenden Freunden und Kollegen, die uns Fotos, unveröffentlichte Beobachtungen und Daten von Bartagamen zur Verfügung gestellt haben:

Kelly Affonce, Richard D. Bartlett, Michael Boos, Annemarie Calgua, Harald Cogger, Lisa Dodd, Uwe Dost, Udo Dreutler, Kevin Dunne (Dragon`s Den Herpetoculture), Bernd Eidenmüller, Werner Frank†, Hans-Georg Horn, Paul Horner, Andreas Huy, Bert Langerwerf, Robert Mailloux (Sandfire-Dragon-Ranch), Michael Kluge, Bill Moss, Mike Moore, Andreas Nöllert, Adam Norris, Roland Pesch, Johannes Pichler, Dieter Ruf, Ursula Schuster, Glenn Shea, Sven Tränkner, Dieter Vogel, John Weigel, Rudolf Wicker, Nina Wiebel und John Wombey.

Ich (Karsten Grießhammer) danke meiner Mutter und meiner Oma, Monika und Gertrud Grießhammer, für das Ertragen und Unterstützen meines Hobbys; Bert Langerwerf, Robert Mailloux und Kevin Dunne für den freundlichen und hilfsbereiten Kontakt; Jürgen Eckert, Marco Haupt, Oliver Trüe und Carsten Hauser für die Urlaubsvertretungen bei der Tierpflege, den Austausch und die Unterstützung, sowie Elke Köhler für die gelungene Umsetzung des Manuskriptes.

Herr Alfred A. Schmidt hat uns "Zoology of Victoria" (McCoy 1840) zur Verfügung gestellt, wofür wir uns bedanken. Bei Götz Burré und Helmut Diethert bedanken wir uns für die sorgfältige Durchsicht des Manuskriptes.

Literatur

AHL, E. (1926): Neue Eidechsen und Amphibien. – Zool. Anzeiger 67: 186-192.

AMEY, A.P. & J.M. WHITTIER (2000a): The annual reproductive cycle and sperm storage in the bearded dragon, *Pogona barbata*. – Australian J. Zool. 48 (4): 411-419.

AMEY, A.P. & J.M. WHITTIER (2000b): Seasonal patterns of plasma steroid hormones in males and females of the bearded dragon lizard, *Pogona barbata*. – General Comp. Endocrinol. 117 (3): 335-342.

BADHAM, J.A. (1976): The *Amphibolurus barbatus* species-group (Lacertilia: Agamidae). – Aust. J. Zool. 24: 423-443.

BAKER, A. (1998): Successful breeding. – Vivarium (Lakeside) 9 (3): 70.

BARTHOLOMEW, G.A. & V.A. TUCKER (1963): Control of changes in body temperature, metabolism, and circulation by the agamid lizard, *Amphibolurus barbatus*. – Physiol. Zool. 36 (3): 199-218.

BARTLETT, R.D. & P. BARTLETT (1999): Bearded dragons. – Hauppauge, NY (Barron´s): 45 S.

BOULENGER, G.A. (1885): Catalogue of the lizards in the British Museum (Natural History). 2 ed. Vol. 1. Geckonidae, Eublepharidae, Uroplatidae, Pygopodidae, Agamidae – London (Taylor & Francis). 436 S.

BRADSHAW, S.D. (1981): Ecophysiology of Australian desert lizards: Studies on the genus *Amphibolurus*. S. 1393-1434. in: KEAST, A. (Hrsg.): Ecological biogeography of Australia. – The Hague, Boston, London (Dr. W. Junk bv Publ.): 2142 S.

BRATTSTROM, B.H. (1971): Social and thermoregulatory behaviour of the bearded dragon, *Amphibolurus barbatus* – Copeia 1971: 484-497.

BROWNE-COOPER, R. (1984): Notes on the reproduction of the bearded dragon, *Pogona minor*. – Herpetofauna (Sydney) 15 (1): 49.

BUNDESMINISTERIUM FÜR ERNÄHRUNG, LANDWIRTSCHAFT UND FORSTEN, REFERAT TIERSCHUTZ (1997): Gutachten über Mindestanforderungen an die Haltung von Reptilien – Bonn: 76 S.

BUSH, B. (1981): Reptiles of the Kalgoorlie-Esperance region. – Esperance (privately printed): 48 S.

BUSH, B. (1992): Some records of reproduction in captive lizards and snakes. – Herpetofauna (Sydney) 22 (1): 26-31.

BUSH, B., B. MARYAN, R. BROWNE-COOPER & D. ROBINSON (1995): Guide to the Reptiles and Frogs of the Perth Region. – University of Western Australia Press, Nedlands, Australia: 211 S.

BUSTARD, H.R. (1966): Notes on the eggs, incubation and young of the Bearded Dragon, *Amphibolurus barbatus* (CUVIER). – Brit. J. Herpet. 3: 252-259.

BUSTARD, H.R. (1970): Australian Lizards. – (New South Wales) William Collins Pty. Ltd.: 162 S.

CARPENTER, C.C., J.A. BADHAM & B. KIMBLE (1970): Behavior patterns of three species of *Amphibolurus* (Agamidae). – Copeia 1970: 497-505.

COGGER, H.G. (1992): Reptiles and amphibians of Australia. – Chatswood & New York (Reed Books & Cornell University Press): 775 S.

CUVIER, G. (1829): Le Règne Animal. Distribué d'après son organisation, pour servir de base a l'histoire des animaux et d'introduction a l'anatomie comparée, Tome II. Reptiles. – Paris (Chez Déterville, Librairie): 406 S.

DALE, F.D. (1973): Fourty Queensland lizards. – Queensland Mus. Publ.: 64 S.

DALY, G. (1997): Behaviour of the bearded dragon lizards *Pogona barbata* and *P. vitticeps* in captivity. – Herpetofauna (Sydney) 27 (2): 28-32.

DAVIDGE, C. (1980): Reproduction in the herpetofaunal community of a *Banksia* woodland near Perth, W.A. – Austr. J. Zool. 28: 435-443

DOUGLAS, K.E. & K.E. SAKER, S.A. SMITH, J.L. ROBERTSON, S.D. HOLLADAY, (1999): A preliminary feeding study in bearded dragon lizards, *Pogona vitticeps*. – Bull. Assoc. Rept. Amph. Vet. 9 (3): 42-46.

DUNN, K. (1999): The "snow" dragon. – Vivarium (Lakeside) 10 (3): 6.

EHMANN, H. (1992): Enceclopedia of Australian animals. Reptiles. – Pymble (Angus & Robertson): 495 S.

ELLMAN, M.M. (1997): Hematology and plasma chemistry of the inland bearded dragon, *Pogona vitticeps*. – Bull. Assoc. Rept. Amph. Vet. 7 (4): 10-12.

FITZGERALD, M. (1983): A note on water collection by bearded dragon *Amphibolurus vitticeps*. – Herpetofauna (Sydney) 2 (14): 93.

FRYE, F.L. (1981): Biomedical and surgical aspects of captive reptile husbandry. – Edwardsville (Vet. Med. Publ. Comp.): 456 S.

GRIFFITHS, K. (1984): Reptiles and frogs of Australia. – (Sydney) View Productions Pty. Ltd.: 96 S.

GRIFFITHS, K. (1987): Reptiles of the Sydney Region – (Winmalee) Three sisters Productions Pty. Ltd.: 120 S.

FRIEDRICH, U. & W. VOLLAND (1992): Futtertierzucht – Stuttgart (Ulmer Verlag): 188 S.

FRYE, F.L. (2003): Reptilien richtig füttern– Stuttgart (Ulmer Verlag): 127 S.

FRYE, F.L, R.J. MUNN, M. GARDNER, S.L. BARTEN & L.B. HADFY (1994): Adenovirus-like hepatitis in a group of related Rankin's dragon lizards (*Pogona henrylawsoni*). – Journal of zoo and wildlife medicine 25 (1): 167-171.

GEHRMANN, W.H. (1987): Ultraviolet irradiances of various lamps used in animal husbandry. - Zoo. Biol. 6: 117-127.

GEHRMANN, W.H. (1994a): Light requirements of captive amphibians and reptiles. In: MURPHY, J.B., K. ADLER & J.T. COLLINS (Hrsg.): Captive management and conservation of amphibians and reptiles. - SSAR Contributions to Herpetology, Ithaca, New York, 11: 53-59.

GEHRMANN, W.H. (1994b): Spectral characteristics of lamps commonly used in herpetoculture. - Vivarium, Lakeside, 5 (5): 16-21, 29.

GLAUERT, L. (1952): Herpetological Miscellanea. – West. Austr. Nat. 3: 166-170.

GLAUERT, L. (1961): A handbook of the lizards of Western Australia. – Western Australian Naturalists' Club (Perth) Handbook 6: 100 S.

GREER, A.E. (1989): The biology and evolution of Australian lizards. – Chipping Norton, NSW (Surrey Beatty & Sons, Pty Ltd): 264 S.

HARTDEGEN, R.W. & M.K. BAYLESS (1999): Twinning in lizards. – Herp. Review 30 (3): 141.

HAUSCHILD, A. (2000a): Die bärtigen Drachen – Reptilia (D) 5 (25): 22-27.

HAUSCHILD, A. (2000b): Ein Evergreen: Bartagamen im Terrarium – Reptilia (D) 5 (25): 28-32.

HAUSCHILD, A. & H. BOSCH (1997): Bartagamen und Kragenechsen. – Münster (Natur und Tier-Verlag): 95 S.

HENDERSON, I. (1992): The bearded dragon, *Pogona* sp., and it's maintenance and breeding in captivity. – Herptile 17 (1): 39-46.

HOSER, R. T. (1989): Australian reptiles and frogs. – Sydney (Pierson & Co.): 238 S.

HOSER, R.T. (1996): Reptiles encountered collecting in the Pilbara-Australia – Reptilian 4 (2): 25-35.

HOSER, R. (1997): *Pogona*-from an Australian perspective. – International Reptilian 5 (2): 27-37.

HOUSTON, T.F. (1978): Dragon lizards and goannas of South Australia. – Special Educational Bulletin Series, South Australian Museum, Adelaide: 84 S.

JACOBSON, E.R., D.E. GREEN, A.H. UNDEEN, M. CRANFIELD & K.L. VAUGHN (1998): Systemic microsporidiosis in inland bearded dragons (*Pogona vitticeps*). – J. Zoo Wildlife Medicine 29 (3): 315-323.

JACOBSON, E.R., W. KOPIT, F.A. KENNEDY & R.S. FUNK (1996): Coinfection of a bearded dragon, *Pogona vitticeps*, with adenovirus- and dependovirus-like viruses. – Veterinary Pathology 33 (3): 343-346.

JENKINS, R. & R. BARTELL (1980): A field guide to reptiles of the Australian high country. – Melbourne (Inkata Press Pty. Ltd.): 278 S.

JENNER, B. (1996): *Pogona barbata* on Kangaroo Island, S.A. – Herpetofauna (Sydney) 26 (1): 28-30.

JOHN, W. (1968): Zwei Australier: *Amphibolurus barbatus* und *Egernia cunninghami*. – Aqua. Terra. 21: 185-186.

JOHNSTON, G.R. (1979): The eggs, incubation, and young of the bearded dragon *Amphibolurus vitticeps* AHL 1926. – Herpetofauna (Sydney): 11 (1): 5-8.

KÄSTLE, W. (1973): Vollbart mit Hebelmechanik. Verhalten und Pflege der Bartagame. – Aquarien-Magazin 7 (2): 58-61.

KENNERSON, K.J. & G.J. COCHRANE (1981): Avid appetit for dandelion blossoms *Taraxacum officinale* by a Western bearded dragon *Amphibolurus vitticeps* AHL. – Herpetofauna (Sydney): 12 (2): 34-35.

KLINGENBERG, R. (1998a): Common diseases of bearded dragons, Part 1: Parasites. – The Vivarium 9 (4): 19-22.

KLINGENBERG, R. (1998b): Common diseases of bearded dragons, Part 2: Nutritional disorders. – The Vivarium 9 (5): 48-50.

KLINGENBERG, R. (1998c): Common diseases of bearded dragons, Part 3: Adenoviruses. – The Vivarium 9 (6): 31.

KÖHLER, G. (1992): Die Bedeutung von *Entamoeba invadens* bei der Vergesellschaftung von Echsen oder Schlangen mit Schildkröten. – Sauria 14 (4): 31-34.

KÖHLER, G. (1996): Krankheiten der Amphibien und Reptilien – Stuttgart (Ulmer Verlag): 168 S.

KÖHLER, G. (1997): Inkubation von Reptilieneiern – Grundlagen, Anleitungen, Erfahrungen. – Offenbach (Herpeton Verlag): 205 S.

KÖHLER, G. (1998): Der Grüne Leguan. 3. Aufl. – Offenbach (Herpeton Verlag): 160 S.

KOHLMEYER, R. (2000): Verhalten und Interaktionen meiner Bartagamen (*Pogona vitticeps*) im Terrarium – Reptilia (D) 5 (25): 33-38.

LEE, A.K. & J.A. BADHAM (1963): Body temperature, activity, and behavior of the agamid lizard, *Amphibolurus barbatus*. – Copeia 1963 (2): 387-394.

LOVE, B. (2000): Bartagamenfieber – Reptilia (D) 5 (25): 39-42.

LOVERIDGE, A. (1933): New agamid lizards of the genera *Amphibolurus* and *Physignathus* from Australia. – Proc. New England Zool. Club. 13: 69-72.

MACEY, R.J., J.A. SCHULTE II, A. LARSON, N.B. ANANJEVA, Y. WANG, R. PETHIYAGODA, N. RASTEGAR-POUYANI & T.J. PAPENFUSS (2000): Evaluating trans-tethys migration: An example using acrodont lizard phylogenetics. – Syst. Biol. 49 (2): 233-256.

MACMILLEN, R.E. , M.L. AUGEE & B.A. ELLIS (1989): Thermal ecology and diet of some xerophilous lizards from Western South Wales. – Journal Arid Environ. 16: 193-201.

MAILLOUX, R. (1997): The future of bearded dragons. – Vivarium (Lakeside) 9 (1): 49.

MANTHEY, U. & N. SCHUSTER (1992): Agamen. – Münster (Natur und Tier-Verlag): 120 S.

MCCOY, F. (1840): Natural History of Victoria. Prodromus of the Zoology of Victoria; or figures an descriptions of the living species of all classes of the Victorian indigenous animals. Vol. II (Decades XI. to XX). - Melbourne & London.

MERTENS, R. (1946): Die Warn- und Droh-Reaktionen der Reptilien. – Abh. Senckenb. Naturforsch. Ges. 471: 1-108.

MITCHELL, F.J. (1973): Studies on the ecology of the agamid lizard *Amphibolurus maculosus* (MITCHELL). – Trans. Roy. Soc. South Austr. 97 (1): 47-76.

MÜLLER, P.M. (2002): Die Bartagame. – Keltern-Weiler (Kirschner & Seufner): 78 S.

MÜLLER, D.D. (1999): *Pogona vitticeps* Bartagame. – Reptilia (D) 4 (3) Nr 17: 47-50.

NEUGEBAUER, W. (1972): Geglückte Aufzucht von Bartagamen. – Aquar. u. Terrarien Zeitschrift 25 (12): 424-426.

NIETZKE, G. (1989): Die Terrarientiere 1. Schwanzlurche und Froschlurche. – Stuttgart (Ulmer Verlag): 276 S.

NIETZKE, G. (1998): Die Terrarientiere 2. Schildkröten, Brückenechsen und Echsen. – Stuttgart (Ulmer Verlag): 366 S.

NIETZKE, G. (2002): Die Terrarientiere 3. Krokodile und Schlangen. – Stuttgart (Ulmer Verlag): 374 S.

NIX, H.A. (1981): The environment of *Terra Australis*. S. 104-133. in: KEAST, A. (Hrsg.): Ecological biogeography of Australia. – The Hague, Boston, London (Dr. W. Junk bv Publ.): 2142 S.

OLIVER, B. (1998): Predation on a *Pogona* sp. by *Pseudonaja textilis*. – Herpetofauna (Sydney) 28 (1): 54-55.

PARKER, S. (1998): Successful treatment of paralysis in a central bearded dragon (*Pogona vitticeps*). – Monitor (Victoria) 10 (1): 37-38.

PFLUGMACHER, S. (1984): Haltung und Zucht der Australischen Bartagame *Amphibolurus vitticeps* LOVERIDGE, 1934. – Sauria 6 (3): 9-11.

PIANKA, E.R. (1986): Ecology and natural history of desert lizards. – Princeton (Princeton Univ. Press): 208 S.

PICKWORTH, B. (1981): Observations of behavioural patterns displayed by a pair of bearded dragons *Amphibolurus barbatus*) (CUVIER). – Herpetofauna (Sydney) 12 (2): 13-15.

PORTER, R. (1991): Unusual basking behavior in captive bearded dragons (*Pogona barbata*). – Herpetofauna (Sydney) 21 (2): 31.

PRESIDENT, AUSTRALIAN SOCIETY OF HERPETOLOGISTS (1987): Case 2531. Three works by Richard W. Wells and C. Ross Wellington: proposed suppression for nomenclatural purposes. – Bull. Zool. Nomenclature 44 (2): 116-121.

RANKIN, P. (1977): Burrow plugging in the netted dragon *Amphibolurus nuchalis* with reports on the occurrence in three other Australian agamids. – Herpetofauna (Sydney) 9 (1): 18-23.

ROTHENHOFER, P. (2000): Die Bartagame. – DATZ 53 (10): 12-17.

RYBAK, M. (1996): Vittikins dragons. – Vivarium (Lakeside) 7 (6): 26-27.

SCHAFER, S. (1979): Beards and blue-tongues. – Zoonooz 52 (4): 14.

SCHAUBLE, C.S. & G.C. GRIGG (1998): Thermal ecology of the Australian agamid *Pogona barbata*. – Oecologia (Heidelberg): 114 (4): 461-470.

SCHMIDA, G.E. (1968): Erlebnisse mit Bartagamen. – DATZ 21 (7): 27-30.

SHEA, G.M. (1995): The holotype and additional records of *Pogona henrylawsoni* WELLS & WELLINGTON, 1985. – Mem. Queensland Mus. 38 (2): 574.

SHEA, G.M. (2001): An overlooked senior synonym of *Pogona barbata* (CUVIER, 1829) (Squamata: Agamidae). – Amphibia-Reptilia 22 (1): 124-127.

SMITH, B. & T.D. SCHWANER (1981): Notes on reproduction by captive *Amphibolurus nullarbor* (Sauria: Agamidae). – Transactions of the royal Society of South Australia 105: 215-216.

SMITH, J. (1974): Hatching bearded dragons eggs. – South Austr. Herp. Group Newsletter 1984: 13.

SMITH, J. & B. SMITH (1993): Notes on the nest of a bearded dragon *Pogona minor*. – Western Austr. Nat. 19 (3): 266.

SMITH, L.A. (1976): The reptiles of Barrow Island. – West. Austr. Nat., Perth, 13 (6): 125-136.

STAHL, S.J. (1999): General husbandry and captive propagation of bearded dragons, *Pogona vitticeps*. – Bull. Assoc. Rept. Amph. Vet. 9 (4): 12-19.

STERNFELD, R. (1919): Neue Schlangen und Echsen aus Zentralaustralien. – Senckenbergiana 1: 76-83.

STÖSSL, T. (1993): *Pogona barbata* (CUVIER). – Sauria 15 (1-4) Suppl 3: 257-260.

STORR, G.M. (1965): The physiography, vegetation and vertebrate fauna of the Wallabi group, Houtman Abrolhos. – J. Roy. Soc. West. Aust. 48: 1-14.

STORR, G.M. (1982): Revision of the bearded dragons (Lacertilia: Agamidae) of Western Australia with notes on the dismemberment of the genus *Amphibolurus*. – Rec. West. Aust. Mus. 10 (2): 199-214.

STORR, G.M., L.A. SMITH & R.E. JOHNSTONE (1983): Lizards of Western Australia. II. Dragons and monitors. – Nedlands (University Western Australia Press): 113 S.

SUEDMEYER, W.K. & J.R. TURK (1996): Lymphoblastic leukemia in an inland bearded dragon, *Pogona vitticeps*. – Bull. Assoc. Rept. Amph. Vet. 6 (4): 10-12.

SWAN, G. (1990): A field guide to the snakes and lizards of New South Wales. – Winmalee (Three Sisters Productions Pty Ltd): 224 S.

THROCKMORTON, G.S., J. DE BAVAY, W. CHAFFEY, B. MERROTSKY, S. NOSKE & R. NOSKE (1985): The mechanism of frill erection in the bearded dragon *Amphibolurus barbatus* with comments on the jacky lizard *A. muricatus* (Agamidae). – Journal of Morphology 183: 285-292.

TRUTNAU, L. (1994): Terraristik. – Stuttgart (Ulmer Verlag): 320 S.

TURNER, G. & R.A. VALENTIC (1998): Notes on the occurrence and habits of *Pogona brevis*. – Herpetofauna (Sydney) 28 (1): 12-18.

VAN STEIJN, N.P. (1989): De verzorging en kweek van de Australische baardagame (*Pogona vitticeps*). – Lacerta 47 (5): 140-146.

VOSJOLI, P. DE & R. MAILLOUX (1993): The general care and maintenance of bearded dragons. – Lakeside: # S .

VOSJOLI, P. DE & R. MAILLOUX (1996b): A simple system for raising juvenile bearded dragons (*Pogona*) indoors. – Vivarium (Lakeside) 7 (6): 42-45.

VOSJOLI, P. DE (1996): Step by step vivarium design. A naturalistic vivarium for small bearded dragons. – Vivarium (Lakeside) 7 (6): 36-37.

VOSJOLI, P. DE & R. MAILLOUX (1997a): All predictions are that 1997 will be the year of the dragon. – Vivarium (Lakeside) 8 (4): 21.

VOSJOLI, P. DE & R. MAILLOUX (1997b): Bearded dragons: Questions and answers. – Vivarium (Lakeside) 8 (5): 14-15.

VOSJOLI, P. DE & R. MAILLOUX (1997c): Tips for success with baby bearded dragons. – Vivarium (Lakeside) 8 (6): 24.

VOSJOLI, P. DE, R. MAILLOUX, S. DONOGHUE, R. KLINGENBERG & J. COLE (2001): The bearded dragon manual. – Irvine, California (The Herpetocultural Library, Advanced Vivarium Systems): 174 S.

WELLS, R. & C.R. WELLINGTON (1983): A synopsis of the Class Reptilia in Australia. – Aust. J. Herp. Suppl. 1 (3-4): 73-129.

WELLS, R.W. & R. WELLINGTON (1985): A classification of the Amphibia and Reptilia of Australia. – Australian J. Herpetol., Suppl. Series No. 1: 1-61.

WILSON, S.K. & D.G. KNOWLES (1988): Australia´s Reptiles. – Sydney (William Collins Pty. Ltd.): 477 S.

WITTEN, G.J. (1985): Relative growth in Australian agamid lizards: adaptation and evolution. – Australian J. Zool. 33: 349-362.

WITTEN, G.J. (1993): Family Agamidae. – S. 240-252 in: Galsby, C.J., G.J.B. Ross, G.F. WATSON & M. DAVIES (Hrsg.): Fauna of Australia. Vol. 24. Amphibia & Reptilia. – Canberra (Australian Government Publishing Service): viii + 439 S.

WITTEN, G.J. (1994a): Taxonomy of *Pogona* (Reptilia: Lacertilia: Agamidae). – Mem. Queensland Mus. 37 (1): 329-343.

WITTEN, G.J. (1994b): Relative growth in *Pogona* (Reptilia: Lacertilia: Agamidae). – Mem. Queensland Mus. 37 (1): 345-356.

WITTEN, G.J. & A.J. COVENTRY (1990): Small *Pogona vitticeps* (Reptilia: Agamidae) from the big Desert, Victoria, with notes on other *Pogona* populations. – Proceedings of the Royal Society of Vicoria 102: 117-120.

ZIMMERMANN, E. (1980): Durch Nachzucht erhalten: Bartagamen – Aquarien Magazin 14 (2): 86-94.

ZIMMERMANN, E. (1983): Das Züchten von Terrarientieren. – Stuttgart (Franckh`sche Verlagshandlung): 238 S.

ZOFFER, D. & T. MAZORLING (1997): Bearded & frilled dragons. – Neptune City #

ZWINENBERG, A.J. (1977a): Die Bartagame (*Amphibolurus barbatus*). – Aquaria 24 (9): 157-164.

ZWINENBERG, A.J. (1977b): The Bearded Dragon. – Bulletin Chicago Herpetological Society: 12 (4): 93-98.

ZWINENBERG, A.J. (1980): Die Bartagame *Amphibolurus barbatus*. – Herpetofauna (Weinstadt) 2 (8): 8-11.

Glossar

adult geschlechtsreif, erwachsen

caudal den Schwanz betreffend, schwanzwärts

dorsal am Rücken, rückenwärts

dorsolateral Übergang vom Rücken zur Seite

Ektoparasiten Außenparasiten

endemisch in der Verbreitung auf ein bestimmtes Gebiet beschränkt, kleinräumig verbreitet

Endoparasiten Innenparasiten

GL Gesamtlänge

Inkubation Entwicklungsphase der Eier, Erbrüten von Eiern

KRL Kopf-Rumpflänge, Meßstrecke von Schnauzenspitze zu Kloakenspalt

kryptische Färbung Farbanpassung an die Umgebung

lateral an der Seite, seitlich

LBH Länge x Breite x Höhe

Nacken-Längsreihe längsverlaufende Reihe von Stachelschuppen auf der Oberseite des Halses (Nackenbereich)

monophyletisch von einer Urform abstammend, eine geschlossene Abstammungsgemeinschaft bildend

Occipital-Querreihe querverlaufende Reihe von Stachelschuppen am Hinterhaupt; diese Reihe kann gerade oder in einem Bogen bzw. Winkel verlaufen

phylogenetisch die Stammesgeschichte betreffend

Postorbital-Reihe Reihe von Stachelschuppen am seitlichen Kopfrand, die vom hinteren Mundwinkel in einem Bogen unterhalb des Trommelfells bis zum Halsansatz reicht

Präanofemoralporen artspezifisch angeordnete Drüsenöffnungen an der Unterseite der Oberschenkel und ventralen Beckenbereich (vor der Kloakenöffnung), die in einer mehr oder weniger regelmäßigen Längsreihe angeordnet sind; die Angaben zur Anzahl in diesem Buch beziehen sich immer auf die Summe beider Seiten

Scapularstacheln Gruppe von Stachelschuppen oberhalb des Schultergelenks, am dorsalen Ende der Kehlfalte

Supraauricular-Längsreihe längsverlaufende Reihe von Stachelschuppen am seitlichen Kopfrand, die vom hinteren Augenrand oberhalb des Trommelfells bis zum Hinterhaupt reicht

sympatrisch zusammen vorkommend

Synonym in der Systematik: ein für ungültig erklärter Name

ventral am Bauch, bauchwärts

Untersuchungsstellen

GeVo Diagnostik
Gesellschaft für medizinische und biologische Untersuchungen mbH
Jakobstr. 65
70794 Filderstadt
www.gevo-diagnostik.de

Institut für Zoologie,
Fischereibiologie und Fischkrankheiten der tierärztlichen Fakultät LMU München
Kaulbachstr. 37
80539 München
www.vetmed.uni-muenchen.de/zoofisch

Poliklinik für Vogel- und Reptilienkrankheiten,
Universität Leipzig,
An den Tierkliniken 17,
04103 Leipzig

Klima

Balken = mittlere monatl. Niederschläge
obere Kurve = mittlere monatl. Tagestemperatur
untere Kurve = mittlere monatl. Nachttemperatur

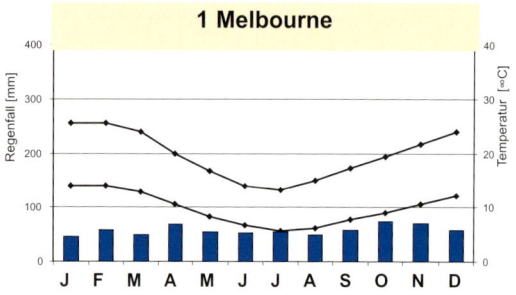

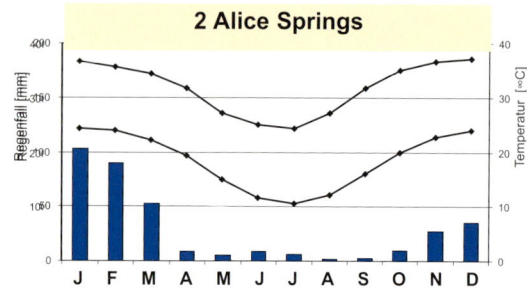

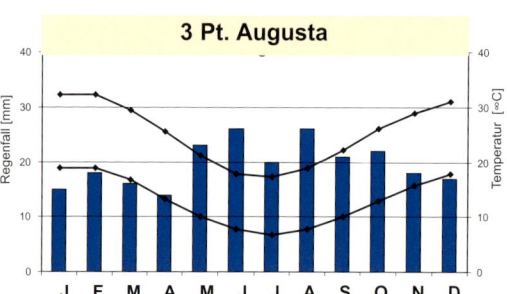

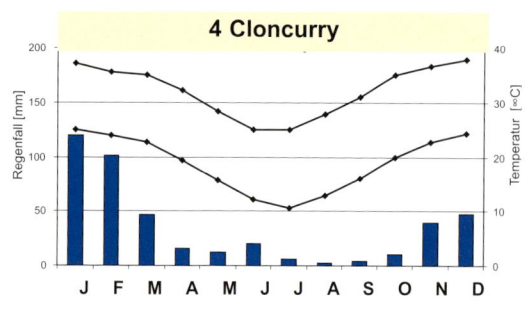

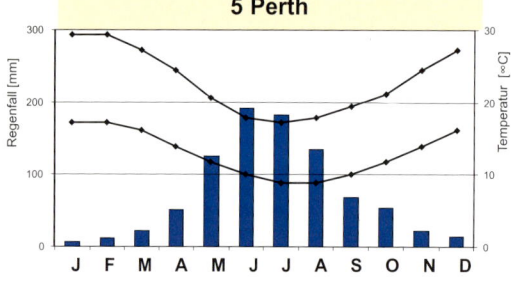

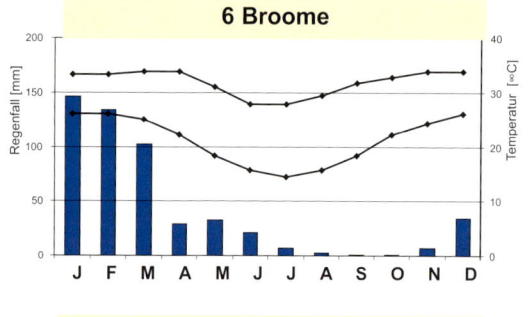

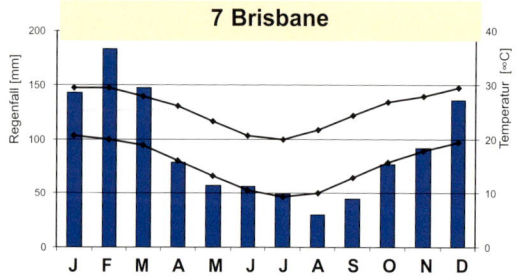

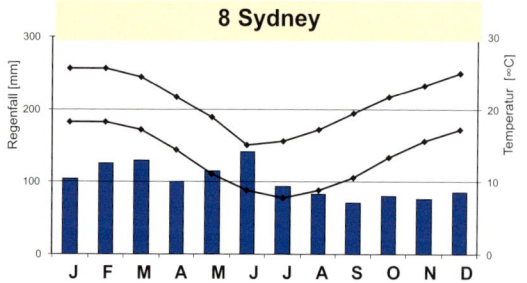

Register

Register

Bartagamen im Terrarium

DVD Videofilm, color, Länge: 34 min, € 19,80

Produzent: Udo Dreutler
unter Mitarbeit von Karsten Grießhammer

Der Film vermittelt auf lebendige Weise praxisnah alle wichtigen Kenntnisse zu Pflege und Zucht der faszinierenden Bartagamen. Anschaulich werden Verhalten, Terrarienbau, Unterbringung, Ernährung sowie Fortpflanzung und tägliche Pflegemaßnahmen dargestellt. Ausführlich wird das Handling der Eier gezeigt. Das Verhalten der Babys beim Schlupf ist besonders interessant ...

Inkubation von Reptilieneiern
Grundlagen • Anleitungen • Erfahrungen

von Gunther Köhler

mit Beiträgen von: B. Eidenmüller, M. Knirr, J. Krüger, W. Sachsse, R. Seipp u. R. Wicker

erweiterte Neuauflage 2004,
254 Seiten, Festeinband, 180 Farbfotos, € 39,90

Zum Inhalt: Entwicklung des Embryos im Reptilienei: Grundlagen der Inkubation: Einfluß der Temperatur, Einfluß der Feuchtigkeit, Anleitung zum Bau eines Motorbrüters, Pflege und Kontrolle der Eier, Verderben von Eiern, Absterben von schlupfreifen Jungtieren, Künstliches Öffnen von Eiern, Gelege- und Inkubationsdaten von über 1650 Reptilienarten mit Literaturhinweisen ... u.v.m.

Weitere Titel im Programm:

- **Stachelleguane** von G. Köhler / P. Heimes
  176 S., 241 Farbf.; € 19,80

- **Halsbandleguane** von R. Schumacher
  138 S., 169 Farbf.; € 22,80

- **Dornschwanzagamen** von T. Wilms
  144 S., 138 Farbf.; € 24,60

- **Krötenechsen** von Baur / Montanucci
  160 S., 57 Farbf., € 16,50

- **Der Grüne Leguan** Biologie, Pflege,
  Zucht und Erkrankungen von G. Köhler,
  160 S., 90 Farbf., € 29,70

- **Der Grüne Leguan im Terrarium**
  von G. Köhler, 78 S., 86 Farbf., € 17,80

- **Videofilm "Der Grüne Leguan"**
  DVD, Farbe, ca. 40 Min., € 19,80

- **Der Grüne Baumpython** von Weier / Vitt
  112 S., 51 Farbf., € 22,50

- **Tejus** von Köhler / Langerwerf
  78 S., 61 Farbf., € 18,50

- **Basilisken** von G. Köhler
  96 S., 64 Farbf., € 20,40

- **Reptilien und Amphibien Mittelamerikas**
  von G. Köhler
  Band 1: Krokodile, Schildkröten, Echsen
  160 S., 178 Farbf., € 29,70

  Band 2: Schlangen
  174 S., 230 Farbf., € 34,80

 **HERPET☯N** Rohrstr. 22 • D-63075 Offenbach
Verlag Elke Köhler Tel. 069-86777266 • Fax: 069-86777571